那些年被我们误解的

狼

NAXIENIAN
BEIWOMENWUJIEDE
LANG

科学。奥妙无穷 ▶

张玲 编著

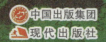

中国出版集团

现代出版社

目录

目

录

目录

蛮荒时代，狼曾是人类非常可怕的劲敌。但对于草原人来说，狼是图腾，它代表的是天——"腾格里"。狼的凶残被视为英勇无畏，狡诈被视为足智多谋，恐怖的嗥叫被视为凄壮的音乐，魔鬼的侧影被视为美妙的身段。的确，狼身上具有令人崇拜的神奇力量，能使人类从恐惧变为敬奉。本书正是要告诉你关于狼的秘密！

● 狼的起源与进化

狼属犬科动物，在距今500万年的时候出现，并在150万年前的更新世中期分化发展，很多具备强者实力的动物已灭绝，可狼却生存了下来，也许如达尔文所说："物竞天择，适者生存。"在古生物时代，食肉性动物中进化最为完美的 3 种顶级动物为，恐怖鸟（泰坦鸟）、剑齿虎、狼，今天我们只能看见其中的狼，而恐怖鸟（泰坦鸟）、剑齿虎都已灭绝。

8

麦芽西兽的分化 >

大约在6500多万年以前的中生代白垩纪晚期，恐龙的突然灭绝给了哺乳动物繁荣昌盛的绝佳机会。在此后的1000多万年的时间里，随着新生代的大幕逐渐拉开，各种小型哺乳动物纷纷登上了进化史的舞台。在距今大约5000万年的新生代始新世，现代食肉动物的共同祖先开始出现，以麦芽西兽（Miacis）的出现为标志，食肉类动物正式走上了漫长的进化之路。

麦芽西兽是现代食肉动物猫科、犬科、熊科、鼬科等动物的共同祖先，它具五指、较长的身体和较短的四肢，总体来说麦芽西兽类似于现在的鼬科动物，它能够爬树，捕食一些鸟类、小型啮齿类动物。有些科学家相信麦芽西兽也可能吃一些蛋或者水果。

在大约4700万年前的始新世中期，麦芽西兽开始分化并逐渐分化出猫亚目和犬亚目两个比较大的类群。其中，猫亚目是现代猫科动物的祖先，而犬亚目则逐渐分化出现代犬科动物。在恐龙灭绝后，存在两个巨大的生态位需要填补：大型的捕食者和大型的被捕食者。由于在恐龙时代，人们都搞不清它的身份。看它的形状，大家都认为它是植物呢！如世界著名的生物分类学家林奈，就称动物多数体形甚小，因此，在整个新生代，众多的哺乳类动物开始向更大的体型发展以占据恐龙灭绝所遗留下的生态位，最先得以发展的是被捕食者，也就是我们经常所说的食草动物，像始祖马，从最初的狐狸大小的体形，经过几个世代的进化，最终演化出体形高大的现代马。伴随着被捕食者的体形变化，捕食者的体型也日益增大。当然，由于资源的限制和作为恒温动物能量消耗较高的原因，两者都不可能出现像梁龙或霸王龙那样巨大的体型。

犬科动物的进化 〉

　　始新世晚期，犬科最早从犬亚目中分化出来，这一时期的代表动物是黄昏犬（Hesperocyon）。Hesperocyon的意思是西方的狗，它的出现标志着犬亚目动物的正式登场，它是犬亚目分化的关键种，也是犬科动物最初的 3 个分支之一。这些犬科动物的体型要比麦芽西兽大，类似于今天的狐狸，它们具有柔软但健壮的身体，长长的尾巴，带趾垫的足和较短的吻，与现在的狗或狼一样，它们是真正的趾行动物，这使它们相比麦芽西兽来说要善于奔跑但又具有很强的攀爬能力，当然，作为食肉动物来说，它们的听觉和嗅觉都有了一定的发展。

　　我们把进化史上曾经出现的犬科动物 3 个分支（即犬科的 3 个亚科）称为：今犬亚科、古犬亚科和 Borophaginae 亚科（类似鬣狗的犬科动物）。黄昏犬所代表的那个分支就是其中的古犬亚科。古犬亚科曾经盛极一时，既有体形较大类似鬣狗的食骨者，又有体形较小类似郊狼的食腐者。

　　2300 万年的中新世，古犬亚科的动物纷纷灭绝，但其中的 Nothocyon 和 Leptocyon 两类却存活下来，并进而各自发展成为 Borophaginae 亚科。Borophaginae 亚科，是在1600万年前由Nothocyon中的汤氏属进化出来的。它们的特征是短脸，强有力的下颌骨和硕大的体形，外观模样介于鬣狗和狗之间。这些动物曾经和熊狗共同生活过一段时间，并激烈竞争，在熊狗灭绝后，它们取代了熊狗的生态地位。尽管汤氏属的特征和今犬亚科动

10

物非常接近，但今犬亚科动物并不是由汤氏属进化而来的。

在大约1000万年的中新世晚期，随着 Borophaginae 亚科动物的衰退，一类体形较小的古犬亚科动物 Leptocyon 得到了发展机会，这些体形类似狐狸的动物，逐渐演化为今犬亚科，今犬亚科进而进化出了今天存活于世界各地的各种现代犬科动物。

现代犬科动物到底起源于何地至今仍有争论，有人说现代犬科动物起源于美洲大陆的西南端，并在演化的一定阶段通过大陆桥辐射到欧亚大陆，有人则持相反的观点。不过不可否认的是，由于大陆桥的存在，新旧大陆动物的相互辐射和影响不可避免，或许，对于迁徙能力很强的食肉动物来说，新旧大陆间根本就不存在障碍。

现代犬科动物成功的一个重要原因是它们的牙齿结构，它们的牙齿具有了既能剪切又能研磨的功能，这使它们的捕食和摄取能量的能力大大加强。

> 狼与狗

　　狗是人类日常生活中常出现的宠物，而狗实际上是被驯化了的狼的后代。

　　狗的祖先是东亚的狼。

　　科学家在对来自于欧洲、亚洲、非洲和北美洲的上百只狗进行 DNA 分析后发现，世界上所有的狗的基因都有着相似的基因序列，因此他们得出结论，世界上所有的家狗都是在大约1.5万年前，狗从东亚狼进化而来。这些狗的祖先和美洲最早的定居者通过白令海峡，一起穿越亚洲和欧洲到达美洲。

　　瑞典和中国的科学家们对654只狗的基因进行研究，发现东亚狗的基因具有很强的多样性，这说明东亚人是最早把狼驯服成狗的。该研究成果发表在《科学》杂志上，领导这项研究的研究员——来自瑞典皇家技术学院的彼得·萨沃雷恩称，人类根据很少的证据，最初猜测狗的祖先来自于中东，因为在中东的一些考古发现证明，许多动物都是在该地区被驯服的。

　　美国、拉丁美洲和瑞典的研究者发现，在欧洲的定居者15世纪来到美洲之前，具有和东亚狼近似基因的狗已经在美洲出现了。这表明，首批于1.2万至1.4万年前通过白令海峡到达美洲的定居者当时携带着驯服的狗来到美洲。

　　美国俄普萨拉大学的研究员卡尔斯·维拉称，狗的存在可以解释，为何美洲大陆的定居者散布的速度相对较快。

　　这两项研究在狗是何时被从狼驯化而来这个问题上出现了分歧。起初在德国发现的

　　狗的下颌骨大约有1.4万年的历史，瑞典和中国科学家的研究小组认为，DNA分析和考古发现共同显示，狗被驯化的时间是在1.5万年前。

　　知识扩展：目前现存纯种狗中，有3种犬与狼的血统最为接近，分别是：西伯利亚雪橇犬、捷克狼犬、萨尔路斯狼犬。

狼登上历史舞台 >

在距今800万年前的中新世晚期，狼与豺、狐狸等犬属动物最先在亚洲出现，当然，这里并不是进化的终点，这时的狼和现在的狼并不完全相同。在这之后的几百万年的时间里，在美洲和欧洲也都先后出现过几种狼，其中一些便是今天红狼和郊狼的祖先。然而，我们的主角——灰狼的基因仍旧蕴藏在各种狼的体内，等待时机一到便组装为真正的终极杀手。

• 郊狼和红狼

在500万年前的上新世到180万年前的更新世时期，犬科动物先后到达了非洲和南美洲，并在全世界繁衍起来。这一阶段中，郊狼和红狼从它们的祖先中分化出来，郊狼和红狼只分布于北美地区，由于体形甚小，它们一般不具备捕杀大型猎物的能力。

• 恐狼

一种大名鼎鼎的狼在更新世晚期出现，这便是恐狼。恐狼的名气之所以大不仅仅是因为它较大的体形，更是因为它直到8000年前才灭绝。这使得恐狼成为除灰狼外，人类可能曾经面对过的唯一的"大灰狼"。

恐狼一直生活在北美大陆，传说中的恐狼具有凶恶的眼神，钢铁般的脸庞，潜伏在黑夜之中，吼唱着它们那感激死者的恐狼之歌。

传说中的恐狼十分可怕，但从化石上看来，事实上恐狼只是比灰狼略大一些罢了。恐狼的牙齿要比灰狼有力，从这一点上推断，恐狼能更轻易地咬碎猎物的骨头来食取里面的骨髓。恐狼应该是典型的机会捕食者，在洛杉矶著名的沥青坑中有3600具恐狼骨骼，这比其他动物要多的多，这说明它们常常潜伏在这片沼泽中以伺机猎杀陷进沼泽的猎物。恐狼比较健壮的一个原因是，恐狼主要的猎物长角野牛、西方马都是十分健壮的动物。尽管洛杉矶的恐狼化石最为丰富，但恐狼的第一次发现则是在1854年的费城，1858年雷第博士第一次将这种灭绝不久的物种命名为恐狼。

· 灰狼

灰狼的出现甚至要比恐狼还早一些，这种存活到现在的犬科之王发源于距今30万年的更新世中期，最先出现的地点是欧亚大陆，然后从白令海峡的大陆桥扩散至美洲大陆。

灰狼曾经和恐狼共同生活过近10万年，而从今天的结果来看，远道而来的灰狼的生存能力似乎更强。灰狼和恐狼到底多大强度的竞争我们不得而知，但仅从体形来看，两者的生态位重叠应该

相当明显，也就是说两位经验老到的猎手具有类似的猎物。在猎物足够丰盛的情况下两者似乎相安无事，但是一旦条件发生变化，那么两者之间的真正差距便暴露无遗，虽然不一定存在厮杀与搏斗，但爪牙之间的较量却已经体现在捕食的效率上了，最终的结局自然是强者生存，弱者淘汰。

灰狼能够取得进化上的成功并不只是捕食策略的原因，其自身的身体结构等多方面的进化特征使它更能适应当前的条件。

● 狼的自然特征和社会属性

狼的外形 〉

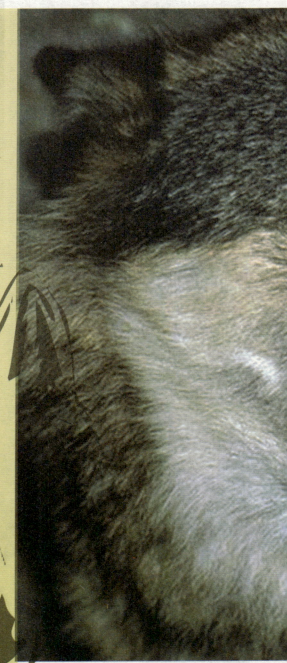

狼的外形有小（郊狼）、中（森林狼）、大（草原狼）3种，吻尖长，眼角微上挑。因为产地和基因不同，所以毛色也不同。常见灰、黄两色，还有黑、红、白等色，个别还有紫、蓝等色。胸腹毛色较浅。腿细长强壮，善跑。灰狼的体重和体型大小各地区不一样，有随纬度的增加而成正比增加的趋势。一般来说，肩高在66.04~91.44厘米，体重32~62千克。野生狼体重记录最高者为1939年在阿拉斯加被打死的1只，当时80千克。最小的狼是阿拉伯狼，雌性的狼有的体重可低至10千克。

狼的嘴长而窄，长着42颗牙。狼有五种牙齿，门牙、犬齿、前臼齿、裂齿和臼齿。其犬齿有4颗，上下各2颗，有2.8厘米长，足以刺破猎物，是臼齿分化出来的，这也是食肉类的特点，裂齿用于将肉撕碎。12颗上下各6颗的门牙则比较小，用于咬住东西。

狼的生活习性〉

　　狼的栖息范围广，适应性强，凡山地、林区、草原、荒漠、半沙漠以至冻原均有狼群生存。狼既耐热，又不畏严寒。常在夜间活动，嗅觉敏锐，听觉良好，性格残忍而机警，极善奔跑，常采用奔逐方式获得猎物。狼群主要捕食中大型哺乳动物，具有杂食性，主要以鹿类、羚羊、兔等为食，有时亦吃昆虫、野果或盗食猪、羊等。耐饥，亦可盛饱。研究表明，狼以肉食为主的杂食性是他成为生物链中极关键的一节。

狼的嗅觉 〉

狼的嗅觉非常灵敏，它的鼻子里有2.2亿个嗅觉细胞，大约能分辨200万种不同的气味。其中的关键就在于它们湿湿的鼻子。狼的鼻子前端，有一块没有长毛的黏膜组织，上面有许多突出的物体。狗鼻子分泌出的黏液，能强化嗅觉细胞接受资讯，如此一来，细胞便能更灵敏地利用嗅觉神经，将各种气味传达到大脑。这种湿湿的鼻子，也是狼在野外的生存法宝。

狼之所以可以从纷繁的各种气味中找到自己需要的信息是由于特殊的鼻内构造，像狼、狗等动物在它们的鼻内有一种特殊的"小室"，它们会把自己所需要的信息气体包裹在其中（密封性极好），在气味纷繁的情况下释放小室内气体，时时对比分析，这样就保证了信息判断的准确性！

狼的群居性 〉

狼是群居性极高的物种。一群狼的数量大约在6~12只之间，冬天寒冷的时候最多可达50只以上，通常以家庭为单位的狼由一对优势对偶领导，而以兄弟姐妹为一群的则以最强一只狼为领导。狼群有领域性，且通常都是其活动范围，群内个体数量若增加，领域范围会缩小。群之间的领域范围不重叠，会以嚎声向其他群宣告范围。幼狼成长后，会留在群内照顾弟妹，也可能继承群内优势地位，有的则会迁移出去（大多为雄狼）而还有一些情况下会出现迁徙狼，以百只左右为一群，有来自不同家庭等级的各类狼，各个小团体原狼首领会成为头狼，头狼中最出众的则会成为狼王。野生的狼一般可以活12~16年，人工饲养的狼有的可以活到20年左右。奔跑速度极快，如果是长跑，狼的速度甚至会超过猎豹。狼的智商颇高，可以通过气味、叫声沟通。

狼的社会属性

在野外的自然环境中，狼群比核心家庭更紧密些，其基本社会单元是狼的一对配偶，以及其子女。群体平均组成为5~11只，由1~2只成年狼，3~6只年轻狼，和1~3只幼狼。狼群很少接受其他狼加入，会被狼群接受的狼都在1岁左右，而成年狼通常会被狼群杀死。在猎物匮乏、迁移、产崽等时候，狼群可能会暂时联合。草原上的食物极度匮乏时，牧民的羊群就会被狼群攻击，死伤数百，规模非常之庞大，牧民根本不敢出门。狼的奔跑速度极快，可达55千米/小时左右，并且它们能以此速度连续奔跑20千米。所以，你如果遇到狼的时候想要通过奔跑来逃命是非常不现实，甚至是幼稚的。

每个狼群都有一个具有统治力的公狼作为领袖，这只狼称为狼王。每当狼群成员遇见狼王时，它们会使用身体语言向狼王表示尊敬，具体动作是俯下身子，垂下下双耳，垂下尾巴。这些身体语言能够帮助你识别狼王。

蒲松龄《狼》

一屠晚归，担中肉尽，止有剩骨。途中两狼，缀行甚远。

屠惧，投以骨。一狼得骨止，一狼仍从。复投之，后狼止而前狼又至。骨已尽矣，而两狼之并驱如故。

屠大窘，恐前后受其敌。顾野有麦场，场主堆薪其中，苫蔽成丘。屠乃奔倚其下，弛担持刀。狼不敢前，眈眈相向。

少时，一狼径去，其一犬坐于前。久之，目似瞑，意暇甚。屠暴起，以刀劈狼首，又数刀毙之。方欲行，转视积薪后，一狼洞其中，意将隧入以攻其后也。身已半入，止露尻尾。屠自后断其股，亦毙之。乃悟前狼假寐，盖以诱敌。

狼亦黠矣，而顷刻两毙，禽兽之变诈几何哉？止增笑耳。

蒲松龄

● 狼的种类和区域分布

我们通常所说的狼多指分布于亚、欧、北美的灰狼。真正从种的概念划分，狼主要包括灰狼、赤狼（美国红狼）、郊狼（丛林狼）、胡狼（亚非的豺）、红狼（亚洲豺狗）及比较接近狐狸的南极狼（福岛野犬）、南美狼（鬃狼）。狼曾经广泛分布在北半球欧亚大陆及北美大陆。在欧亚大陆除个别岛屿外（包括沙特阿拉伯半岛及日本）均有狼的分布。在北美，狼的分布曾到墨西哥的南部北回归线附近。现在狼的分布区域已大大缩小，特别是西欧和北美。整个北美狼的分布向北退缩到北纬45°以北地区，狼在西欧和北欧的很多国家绝迹了，仅挪威、瑞典、芬兰、土耳其、希腊、意大利、西班牙和葡萄牙8个国家有狼的分布。狼在东欧和亚洲还有广泛分布。在中国，狼曾分布于除台湾、海南岛及其他一些岛屿外的各省区。但目前狼主要分布在东北、西北、内蒙以及西藏等人口密度比较小的地区。在华北平原、长江中下游地区很难见到狼的踪迹。

灰狼 ＞

灰狼是犬科哺乳动物中很出名的品种，它是犬科动物中体形最大的野生动物，现在仍然出没在北半球的广大区域。

灰狼的体形在同科中较大，红狼体形比它小，生活的区域也比它小得多。犬科灰狼是适应追逐猎物的食肉类，全部为陆栖类型，只有极少数种类偶尔会爬树。

犬科是食肉目中分布最广泛的一科，除了少数岛屿外，几乎遍及陆生食肉类的全部分布范围，并且是唯一在白人之前到达澳洲的陆生食肉目成员。犬科成员之间的亲缘关系和亚科的划分有很多不同意见，这些意见甚至差异极大。简单的从体形和习性来说，犬科可以分成体形较大、食肉性较强、可以捕食较大型猎物的犬类，以及体型较小、食性略杂、主要捕食小型动物的狐类。犬科动物中体形最大的是苔原狼，分布于欧亚大陆和北美洲，最北可进入北极圈，其中北极地区的一些狼身体为白色，又称北极狼，但并非独立的物种。狼不仅体形较大，而且还有成群捕捉猎物的习惯，因此可以捕捉原比自己大很多的猎物，成为北方地区最强大的捕猎者之一。与狼同属的其他成员还有北美洲的郊狼、赤狼和非洲及亚洲南部、东南部的几种豺（胡狼），它们体形比狼小，不及狼凶猛。家犬也与狼同属，可能是狼的后代，也可能起源于豺，或者是混血，它们之间没有明显的生殖隔离。除了狼，另外两种集体捕猎的动物是非洲猎犬（非洲野犬）和亚洲的豺狗（豺、亚洲野犬），它们体形虽然小

26

于狼，但是凶猛程度可能更甚，其中非洲猎犬可能是犬科中唯一纯粹肉食性的成员。

灰狼体格强健，北方的雄灰狼身长可以达到 2 米，包括50厘米长的尾巴。重量有20~80千克。雌性受北美印第安人的尊敬。除了热带森林和干燥的沙漠以外，在各种生态环境中都可以找到它们的足迹。灰狼的种群数量从几个到二三十个都有，通常由一对夫妻和它们的子女家庭成员组成。

它们的家庭观念很强，只有为首的公狼和母狼才能配对。一个群体的地盘有一百到几百平方千米那么大，而且决不容外来侵犯。狼群适合长途迁行捕猎。其强大的背部和腿部，能有效地舒展奔跑。除了人类以外，灰狼可以说是在地球上分布最广的哺乳动物了。它原先的栖息地包括从阿拉斯加和加拿大到墨西哥的整个北美洲，以及整个欧洲、亚洲到地中海，但由于

但由于种种原因，灰狼已经从许多原先的栖息地消失，数量也大为减少。在北美，主要存在于阿拉斯加和加拿大。在欧洲是俄罗斯及其领近国家，巴尔干半岛也有一些。欧洲中南部和斯堪的纳维亚的数量则少得多。

灰狼是凶猛的食肉动物，凶悍残忍，但通常2～15只结伴为伍，才能够统治野生世界。灰狼偶尔也会单独觅食，一旦发现了猎物，就会扯开嗓子嗥叫不止，召唤其他同伴，以便群起而攻之。

灰狼主要在晚上出来猎取食物，一般的食物是大食草动物，如各种鹿、野猪。北美灰狼主要的捕食对象有马鹿和驯鹿。

北欧灰狼甚至捕食庞大的驼鹿，一些强大的狼群甚至袭击牦牛和美洲野牛。单个灰狼通常捕捉野兔和老鼠。灰狼对控制食草动物的数量，维护生态平衡有一定的贡献。可惜它们也攻击家畜，引起人类的仇视和猎杀。北美很少听说灰狼主动攻击人的事件，但在欧亚大陆据说有过灰狼袭击人导致伤亡的事情。

在攻击大猎物的时候，狼需要咬好几百口才能让猎物断气，猎物死亡后，首领夫妇享有优先享用权。

每年1～4月是灰狼的繁殖期。妊娠期是63天，一胎可产6—7只。出生以后受到群体成员的共同照顾，吃父母打

28

猎回来的反刍食物。等到性成熟以后（不到两年），它们就得离开，出去寻找自己的伴侣，建立自己的领地。狼的怀孕期为61天左右。低海拔的狼1月交配，高海拔则在4月交配。小狼两周后睁眼，5周后断奶，8周后被带到狼群聚集处。狼成群生活，雌雄性分为不同等级，占统治地位的雄狼和雌狼随心所欲进行繁殖，处于低下地位的个体则不能自由选择。雌狼产崽于地下洞穴中，没有自卫能力的小狼，要在洞穴里过一段日子，公狼负责猎取食物。小狼吃奶时期大约有五六个月之久，但是一个半月也可以吃些碎肉。三四个月大的小狼就可以跟随父母一道去猎食。半年后，小狼就学会自己找食物吃了。狼的寿命大约是12~14年。在群体中成长的小狼，非但父母呵护备至，族群的其他份子也会爱护有加。狼和非洲土狼会将杀死的猎物撕咬成碎片，吃下腹内，待回到小狼身边时，反刍食物喂养。赤狼有时也会

在族群中造一育儿所，将小狼集中养育，由母赤狼轮流抚育小狼，毫无怨尤。

灰狼的亚种和分布如下：

苔原狼 ~ 俄罗斯北部

阿拉伯狼 ~ 阿拉伯半岛

北极狼 ~ 加拿大极地岛屿和格陵兰

墨西哥狼 ~ 引进至美国亚利桑那州

俄罗斯狼 ~ 俄罗斯中部

里海狼 ~ 俄罗斯、里海和黑海

澳洲野犬 ~ 东南亚及澳洲

家犬 ~ 除南极洲外，广泛分布全球

北海道狼～日本北海道，已灭绝

日本狼～日本本州岛、四国岛、九州岛，已灭绝

意大利狼～意大利亚平宁山脉的森林和山地

埃及狼～埃及北部和利比亚东北部

亚欧狼～中国、蒙古、俄罗斯、东欧、德国、西班牙和葡萄牙

东部森林狼～加拿大东南部

大平原狼～美国西部、东北部和加拿大东部

马更歇狼～加拿大西部、阿拉斯加，引进至美国西北部

印度狼～印度至中东

下面我们将根据地域的不同对这些亚种一一进行介绍。

• 欧亚苔原狼

欧亚苔原狼又叫白色苔原狼，是灰狼的一个大型亚种，而且在相当长的时间内有很多人认为其是欧亚第一大狼。苔原狼的数据主要来自1951~1961年间在泰梅尔半岛和卡宁半岛测量的500多个个体，雄狼平均40Kg，雌狼平均37Kg，其中最重的雄狼49Kg，而最重的雌狼41Kg，（注意均为空腹状态）；没有扣除胃容物的有一头达52Kg的老雄狼；此外还有55Kg的记录，也未曾扣除胃容物。

一般来说苔原狼的体型大，从鼻子到尾巴约200厘米长。体重从45到57千克。身高可以随时随地从70~100厘米。苔原狼的头骨尺寸也非常大，雄狼的颅全长248~288毫米，颧宽134~61毫米；雌狼颅全长239~261毫米，颧宽133~142毫米。这种狼多数是灰色，也有铁锈色和黑色相杂，或银灰色。平均寿命约为16年。身体被长毛覆盖，毛皮浓密，毛色浅。和阿拉斯加苔原狼相似。这种狼机警、多疑。其模样同狼狗很相似，只是眼较斜，口稍宽，尾巴较短且从不卷起并垂在后肢间，耳朵竖立不曲。

苔原狼集群或单独活动。在繁殖季节集成小群，冬季经常组成较大群捕食有蹄类。主要捕食大型哺乳动物如鹿、马鹿、驼鹿、驯鹿、野牛、麝香牛和山羊。在阿拉斯加，最大狼群达36只，但一般不超过20只。

栖息于高纬度的苔原狼，繁殖季节

NAXIENIANBEIWOMENWUJIEDELANG

通常是每年的3月下旬至4月。在此期间，雌狼要热身5~15天。交配后，雌性的怀孕期为62~63天，通常每窝产2~6个幼崽。

苔原狼和森林狼到底谁才是旧大陆第一大狼，一直存在着争议，《苏联动物志》是支持森林狼的，主要是由于森林狼那些惊世骇俗的大个体；尽管马克·瑞迪等一些俄罗斯学者也认为苔原狼可达70Kg以上，但一直缺乏数据支持。通过对比很明显苔原狼的平均尺寸毫不逊色于森林狼，大个体较少可能有四个原因，一是狩猎记录远较森林狼为少，大样本可以增加大个体出现的可能性；二是苔原狼的体重数据都是空腹的，大狼一顿可吃下10Kg以上的食物，胃容物是一个不可忽视的因素；三是苔原狼这个亚种本来变异范围就较小，这种可能性也是很大的，因为苔原狼的下限也较森林狼大些；四是那些森林狼的大个体有夸大的嫌疑，80Kg以上的记录可信度都极低。

● 阿拉斯加苔原狼

阿拉斯加苔原狼是灰狼的一个亚种，它们沿阿拉斯加北部海岸和北极苔原地区的森林、山地、寒带草原、西伯利亚针叶林、草地活动，是世界上最大的野生犬科家族成员，具有很好的耐力，适合长途迁移。

阿拉斯加苔原狼体形较大，毛色鲜亮。从鼻子到尾端的长度为1.3~1.6米。重量各不相同，雄性从40~80千克，雌性从36~54千克，它们通常是纯白色的皮毛，但同时也出现有黑暗的毛皮，甚至黑色。鬃毛很长，但和欧洲的苔原狼有区别。

阿拉斯加苔原狼集群或单独活动。食物成分很杂，如果可能，它会吃鹿和其他有蹄类动物，也吃小动物和植物。阿拉斯加大部分地区处于北寒带，植被稀少，苔类植物成为这里的食草动物的主要食物。阿拉斯加拥有世界最好的狩猎和钓鱼场所，阿拉斯加苔原狼比较喜欢吃当地的小型哺乳动物和鱼类，有旅鼠、阿拉斯加鸬鹚、北极兔、鲑鱼，还有鲸等大型动物的尸体。

狼群中占主导地位的公狼和母狼会在2月左右交配，怀孕期约62~75天，母狼通常会在巢穴中产下大约4只幼崽。

• 阿拉伯狼——世界上最小的狼

阿拉伯狼是灰狼的一个亚种，曾经广泛分布于阿拉伯半岛，但现在仅生活在以色列南部、阿曼、也门、约旦、沙特阿拉伯等地的较小范围内，在埃及西奈半岛的部分地区可能也有分布。

阿拉伯狼是生态系统原有的一部分，

各地不同生态系统的多样性，反映了狼这个物种的适应能力。主要活动在沙漠和山地，具有很好的耐力，适合长途迁移。它们的胸部狭窄，背部与腿强健有力，使它们具备很有效率的机动能力。它们能以约10千米的时速走十几千米，追逐猎物时速度能提高到接近每小时65千米，冲刺时每一步的距离可以长达5米。由于它们会捕食羊等家畜，因此20世纪末期前都被人类大量捕杀。

阿拉伯狼是狼最小的亚种，身高约66厘米，平均重18千克。它们的身型细长，适合于沙漠里生活。它们的耳朵比其他亚种大，目的是适应沙漠的高温，并协助它们有较好的散热效果。它们不会以大群体的形式进行活动，而是在捕猎的时候，则会以3~4只狼去行动。由于这亚种较为罕有，所以人类还未发现它们的嗥叫声。在夏天的时候，它们会长出些短而稀薄的毛，但有些背后的部分可能还留下一少部分较长的毛，科学家认为这是为了适应太阳的辐射；虽然不及其他北方的亚种长，但在冬天的时候其皮毛会跟夏天的相反，变成比较长的皮毛。跟其他亚种一样，它们的眼睛部分都是黄色的；这是由于它们的祖先有些是跟野狗杂交，所以其眼睛为棕色。

阿拉伯狼集群或单独活动。食物成分很杂，喜吃野生和家养的有蹄类。阿拉伯狼会袭击任何体型在羊以下的家畜。因此，农民会毫不犹豫地射击、毒害或是对其设陷阱将其杀死。除了家畜外，它们还会吃兔子、小鹿瞪羚及野生山羊。也吃死动物的腐肉，还吃水果。会在沙滩上挖洞穴，以保护自己不被太阳灼烤。它们主要是在夜间狩猎。狼群的大小变化很大，常因季节和捕食的情况不同而改变。

阿拉伯狼繁殖季节通常是每年的10~12月，阿拉伯狼是已知的唯一在其领地上产崽的狼。产仔数最高可达12只，但通常只有二三只。幼狼盲视，出生8周左右断奶，父母开始反刍食物喂养小狼。

在阿曼，自政府禁止猎杀后，阿拉伯狼的种群数目有显著上升。在以色列，有接近 100~150 只阿拉伯狼生存于内盖夫及哈阿拉瓦。

• 北极狼

北极狼又称白狼，是犬科的哺乳动物，也是灰狼的亚种，分布于欧亚大陆北部、加拿大北部和格陵兰北部。是

33

世界上最大的野生犬科家族成员。

　　北极狼具有很好的耐力，适合长途迁移。这是一个冰河时期的幸存者，在晚更新世大约30万年前起源。

　　北极狼平均肩高64~80厘米；脚趾到头大约高1米；身长从1~0.45厘米（鼻子到尾巴）。成年雄狼大约重量为80千克。人工饲养，北极狼能活到17年。然而，在野外平均寿命不过是7年。这种狼的颜色有红色、灰色、白色和黑色。北极狼会用林子里的灰色、绿色和褐色作为掩护，北极狼有着一层厚厚的毛，它们的牙齿非常尖利，这有助于它们捕杀猎物。

　　北极狼一般生活在北极地区的森林里，生活在从加拿大的拉布拉多地区到英国的哥伦比亚地区。但是由于人类的采伐树木、污染和垃圾破坏，它们失去了居住的地方。每年至少有50只北极狼死去。

　　北极狼内部存在着森严的等级差别。两只狼相遇，强健的一只会将尾巴

高傲地竖起，两耳伸向前方，另一只则会谦卑地垂下头去，蜷缩起尾巴，闪到一旁。美国生物学家麦齐曾对一群北极狼进行一年的追踪考察，他将这群狼的首领称为"布斯特"。"布斯特"在同伴中拥有多种特权，如排尿时，只有它可以抬起腿，其他则不行，否则它会蹿上去咬死"违反者"。狩猎时，它"身先士卒"，率先冲上去抓捕猎物，饱食之后再将其余部分分给"妻子们"。

北极狼之间也并非总能"和平共处"。冬末春初交配时节，头狼必须重新为捍卫其尊严和地位与对手进行殊死搏斗。如果战败，就必须让位给新首领，其"夫人"也要另栖高枝了。

北极狼的日常生活极有规律，凌晨2时许，狼群横七竖八地安卧在洞穴中。"首领之妻"首先睁开惺忪的双眼，慢吞吞地站起来。伸伸懒腰，然后无精打采地走出洞穴，踱上山坡，蹲坐在高处将头扭向背后，有气无力地嗥叫，发出"起床"令，而其他狼被唤醒后，则会低声回叫，相继站起身来，摇着尾巴，按长幼尊卑的顺序彼此亲吻互道"早安"。片刻之后，"首领"率众狼出去狩猎。傍晚时分，狼群"满载而归"。企盼了一天的幼狼这才能够分得些许猎物，以充辘辘饥肠。

北极狼通常是5~10只组成一群，而每个家族大约有20~30个成员。在这一小型群体中，有一只领头的雄狼，所有的雄狼常被依次分为甲、乙……等级，雌狼亦是如此。狼群中总是有一只优势的狼，其他不管雌的、雄的均为亚优势及更低级的外围雄狼及雌狼，除此之外，便是幼狼。优势雄狼是该群的中心及守备生活领域的主要力量，优势雌

狼，以及亚优势的雄狼和雌狼构成群体的中心，其余的狼，不管是雌的还是雄的，均保持在核心之处，优势雄狼实际上是一典型的独裁者，一旦捕到猎物，它必

比如狼受到大量捕杀，大片栖息地被开拓，这时狼的社群等级性就受到了抑制甚至破坏，首先是结群性被打破。这样，独身的雌雄狼便会有充分的自主权，几

须先吃，然后再按社群等级依次排列。而且它可以享有所有的雌狼；不过，优势雌狼不知是醋意大发还是为种群的未来着想，它会阻止优势雄狼与别的雌狼交配，并且优势雌狼几乎也能很成功地阻止亚优势级雌狼与其他雄狼交配。这样，交配与繁殖后代一般在优势雌雄狼两个最强的个体之间进行。

当然，这样会减少交配机会，限制幼狼的数目，因此，常看到一狼群中仅有一窝幼崽。可是，一旦遇到特殊情况，

乎每一只狼均会找到配偶，繁殖率大大增加，每一雌狼每年均可产下一窝幼崽，这对保持和恢复狼的种群数量是十分必要的。

北极狼是典型的肉食性动物，优势雄狼在担当组织和指挥捕猎时，总是选择一头弱小或年老的驯鹿或麝牛作为猎取的目标。开始它们会从不同方向包抄，然后慢慢接近，一旦时机成熟，便突然发起进攻；若猎物企图逃跑，它们便会穷追不舍，而且为了保存体力，往往分成几

个梯队，轮流作战，直到捕获成功。

北极狼吃驼鹿、鱼类、旅鼠、海象和兔子，它也进攻人类和其他动物。

每年一头雌北极狼平均会产14只小狼。它们一般诞生在洞穴里，有着纯白色的毛。北极狼对自己的后代表现出无微不至的关怀。当幼狼降生后，最初的13天，尚未睁开眼睛的小狼便会紧紧地挤在一起（每窝5~7只，个别情况下可达10~13只），安静地躺在窝中。母狼在这个时期，几乎是寸步不离，偶尔外出，时间也很短，然后赶紧返回洞穴，细心照料小狼。1个月后，母狼便开始训练它的孩子们，它将预先咀嚼过的，甚至经吞食后吐出来的食物喂养小狼，让它们习惯以肉为食。小狼的哺乳期为35~45天，但是长到半个月的小狼已具

具有尖锐的牙齿，这时母狼又会给小狼不同的食物，先是尸体，然后是半死不活的，目的是让小狼逐渐学会捕食本领。此后开始带着它们到一定的地方饮水。有趣的是，在此期间，狼群中某些成员也参与了喂养小狼的活动。

随着小狼逐渐长大，它们逐渐担任起捕猎和防卫等任务，若遇到其他狼群的攻击，它们会以死抗争，绝不屈服。等长到约2岁时，小狼性成熟，雌狼一般要到3岁或4岁才开始第一次交配，而雄狼这时长得强壮有力，开始觊觎优势雄狼的地位，一有机会便会提出强有力的挑战，成功者则会取而代之，成为新的统治者。

由于它们会捕食羊等家畜，因此20世纪末期前都被人类大量捕杀，属濒危物种。

到了20世纪，由于猎物数量下降，墨西哥狼开始袭击家畜，迫使政府清灭墨西哥狼。猎人亦杀害不少墨西哥狼。于20世纪50年代，墨西哥狼已近野外灭绝。在1960年，最后的野生墨西哥狼被打死。20世纪90年代初，已经开始启动在原先墨西哥狼的分布范围内重新野放它们的计划。1976年，墨西哥狼成为濒危物种。现今估计就只余300只饲养的墨西哥狼。于1998年，美国开始将墨西哥狼重新引进亚利桑那州。2006年的统计发现已有60只墨西哥狼，分成几群地在野外生活。

● 墨西哥狼

墨西哥狼是狼的一个亚种，分布在墨西哥中部至美国得克萨斯州西部、新墨西哥州南部及亚利桑那州中部的索娜拉沙漠及奇瓦瓦沙漠。

墨西哥狼具有很好的耐力，适合长途迁移。它们的胸部狭窄，背部与腿强健有力，使它们具备很有效率的机动能力。它们能以约10千米的时速走十几千米，追逐猎物时速度能提高到接近每小时65千米，冲刺时每一步的距离可以长达5米。

欧亚森林狼

欧亚森林狼可简称欧亚狼或森林狼，也有人叫普通狼。欧亚森林狼是仅次于马更些狼，最大的狼亚种之一。雄狼体重平均42Kg，雌狼则为35Kg；其中最大的居群来自斯堪的那维亚半岛，雄狼平均48Kg，雌狼平均39Kg，这已可代表狼这一物种所能达到的最高水平。在500多例科考实测个体中，有3只超过了50Kg，其中最大纪录为56.5Kg。但这远不能代表真实的上限，早期的俄国学者认为欧亚森林狼可以达到69~79Kg，甚至80Kg。来自俄罗斯欧洲部分的641个记录中的17例特大个体：10只雄狼48~79Kg，7只雌狼40~62Kg。在莫斯科附近曾记录下76Kg的个体，乌克兰据说出现过92Kg甚至96Kg的记录。这里面明显有夸大的成分，但即使仅从实测来看，森林狼达到70Kg也是不成问题的。

在俄罗斯西南部记录的154只狼中，雄兽体长平均125厘米，雌兽则为122厘米。在拉脱维亚猎获的173只雄狼体长平均118厘米。131只雌狼体长平均110厘米；拉脱维亚猎到的最大雄狼体长为148厘米，最大雌狼也有140厘米；据《苏联动物志》记载，特别大的个体可达160厘米。尾长通常在30~50厘米，最大达65厘米。

根据拉脱维亚的狩猎记录，雄性森林狼的肩高在62~108厘米，平均77厘米；雌兽要小一些，一般在54~85厘米，平均71厘米。

在北欧，一般雄兽个体颅全长有258~273厘米，颧宽143~145厘米，雌兽要小一些，颅全长243~250毫米，颧宽141~145毫米大的雄狼颅长可超过280毫米，雌狼亦可达到270毫米。

欧亚森林狼在北亚的分布也很广：除堪察加、极北地区、黑龙江流域以外的整个西伯利亚,以及哈萨克北部和极东部、蒙古北部,包括阿尔泰山地区在内。如此看来森林狼在我国新疆北部应该也有边缘分布。曾被命名的异名同物有中俄罗斯狼和阿尔泰狼。

- 欧亚草原狼

　　欧亚草原狼分布于俄罗斯西南部及乌克兰、哈萨克中部的草原地区;黑海和里海之间的地区分布的里海狼(也叫高加索狼)可能是其异名同物。《苏联动物志》上记载,雄性草原狼的颅全长在240~272毫米,颧宽128~152毫米;雌性颅全长224~251毫米,颧宽116~132毫米。可见草原狼比森林狼、苔原狼要小一些,平均颅全长上有约1厘米的差距。

　　草原狼机警、多疑,形态与狗很相似,只是眼较斜,口稍宽,尾巴较短且从不卷起并垂在后肢间,耳朵竖立不曲,有尖锐的嗅觉、视觉、嗅觉和听觉十分灵敏,狼的毛色有白色、

黑色、杂色……具体各不相同,狼体重一般有40多千克,连同40厘米长的尾巴在内,平均身长154厘米,肩高有一米左右,雌狼比雄狼的身材小约20%。

　　草原狼成群生活,雌雄性分为不同等级,占统治地位的雄狼和雌狼随心所欲进行繁殖,处于低下地位的个体则不能自由选择。雌狼产崽于地下洞穴中,雌狼经过63天的怀孕期,生下3~9只小狼,也有生十二三只的。没有自卫能力的小狼,要在洞穴里过一段日子,雄狼负责猎取食物。小狼吃奶时间有五六个月之久,但是一个半月也可以吃些碎肉。三四个月大的小狼就可以跟随父母去猎食。半年后,小狼就学会自己找食物吃了。狼的寿命大约12~14年。在群体中成长的小狼,非但父母呵护备至,而且,族群的其他成员也会爱护有加。

狼图腾选自姜戎小说：《狼图腾》

千万年来草原民族一直认为狼是草原的保护神，狼是草原四大兽害——草原鼠、野兔、旱獭和黄羊的最大天敌。"四害"中尤以鼠和兔危害最烈。鼠兔的繁殖力惊人，一年下几窝，一窝十几只，一窝鼠兔一年吃掉的草，要比一只羊吃的还要多。鼠兔最可恶之处是掏洞刨沙毁坏草场。草原上地广人稀，人力无法控制鼠灾兔灾。兔灾曾毁坏了澳大利亚大半草原。但是几千年来内蒙古大草原从未发生过大规模的兔灾，其主要原因就是澳大利亚没有狼，而内蒙古草原有大量狼群。鼠兔是狼的主食之一，在冬季，鼠和旱獭封洞之后，野兔和黄羊就成为狼群的过冬食粮。狼又是草原的清洁工，每当草原大灾（白灾、旱灾、病灾等）过后，牲畜大批死亡，腐尸遍野，臭气熏天，如果不及时埋掉死畜，草原上就会爆发瘟疫。而且千百年来，草原上

战争频繁，也会留下大量人马尸体，这也是瘟疫的爆发源。但是据草原老人们说，草原上很少发生瘟疫，因为狼群食量大，它们会迅速处理掉尸体。此外，草原狼常常攻杀牲畜，客观上起到了调节草原牲畜量的作用。事实证明，狼是草原生态的天然调节器，内蒙古草原过去几千年一直保持了原貌，草原狼功莫大焉。但是建国后一直到"文革"期间，政府却鼓励打狼，狼逐渐减少甚至灭绝，导致草原迅速沙化。其次，是狼的精神文化价值。其中包括军事学、民族学、民族关系学、历史学和文化人类学等等价值。几千年来狼一直是草原民族的图腾，从古匈奴、鲜卑、突厥，一直到蒙古，都崇拜狼图腾。既然狼被草原民族提升到民族图腾的崇高位置上，狼的精神价值不言而喻。草原民族崇拜狼图腾，不仅是因为他们深刻地认识到狼是草原

的保护神，而且还由于认识到狼的性格、智慧等方面的价值。草原狼具有强悍进取、团队协作、顽强战斗和勇敢牺牲的习性，深深地影响了草原民族的精神性格；蒙古人卓绝的生存技能和军事才华，更是在同草原狼军团长期不间断的生存战争中锻炼出来的；而且，狼又是草原战马的培训师，恰恰是狼对马群的攻击，才把蒙古马逼成了世界上最具耐力和最善战的战马。因此，勇猛的性格、卓绝的军事智慧、世界第一的蒙古战马，就成为东方草原民族的三大军事优势，而汉人的马都是在马厩里生活的，不愁食物，生命有保障，且没有经历过长期不间断的生存战争，缺乏勇猛的性格，导致几次出兵都败给了蒙古骑兵。而这一切都与狼有关。深刻认识狼的价值，就可以破解许多世界历史之谜。古时候草原民族把从狼那儿学来的兵法，用来跟关内的农业民族打仗。汉人不光是向游牧民族学了短衣马裤、骑马射箭，就是你们读书人说的"胡服骑射"，还跟草原民族学了不少狼的兵法。我在呼和浩特进修牧业专业的那几年，还看了不少兵书，我觉着孙子兵法跟狼子兵法真没太大差

别。比如说，"兵者，诡道也"。知己知彼、兵贵神速、出其不意、攻其不备，等等。这些都是狼的拿手好戏，是条狼就会。

• 日本狼

日本狼是一种已灭绝的狼，曾经在日本大量繁衍，分布于本州、四国、九州，之后被人大量猎杀，最后在1905年灭绝。另一种北海道狼跟日本狼是近亲，但亦于1889年灭绝。

日本狼是狼的一个亚种，体长约1米，在狼中是体型最小的，尤其是腿很短，仅有大约20厘米。肩高50厘米，体重25千克左右，它的吻部长而尖，嘴较为宽阔，眼向上倾斜，四肢细长，它的体毛颜色与

其他狼无太大区别，体色为黄灰色，背部杂以棕色、黑色和白色的毛，身上夹杂着少许褐色斑点。尾巴短而粗，毛较为蓬松。

日本狼喜欢群居，一般每群数为20只。它们善于奔跑和跳跃，主要以群体方式猎食鹿、野兔等各种食草动物，有时也到溪流中捕食一些鱼类和一些死去动物的腐肉。日本狼喜欢在晨昏集体嗥叫，此时狼的嗥叫声响彻山谷，因此日本狼被日本人称为"吼神"。

日本狼曾经居住在本州、四国、九州的山林中。在西方国家，人们把狼视为袭击家畜的恶魔。但是在日本，它却被人们视为追赶那些遭踏田地的鹿或熊的庄稼守护神。

被

狼和阿伊努族人的故事

在日本，流传着许多关于狼的民间故事。其中，有一个故事中讲到：有一个出外卖艺的盲人，不小心在山中迷了路。后来，他是依靠一只狼带路才回到村庄里的。

现在，在一些山区里，还有一些祭奉狼的神社。

在奈良县的吉野郡鹫家口，人们捕获了一只狼，这只日本狼被确认为最后一只日本狼。

在那之后，"我看到了一只日本狼"这样的事情也发生了好几次。现在，还有不少人相信在日本的山林中还残留生存着很少数量的日本狼。

事实上，日本并不是一个单一民族国家。可是由于他们的一再宣称，几乎很少有人知道阿伊努人的存在，尽管他们比大和人更早地来到这片土地。很久之前，阿伊努人可以在日本纵情奔走，打猎捕鱼，优哉游哉。

秋季是大马哈鱼繁殖的季节，它们从河流的下游逆流而上，游向大海。远离大海的山林深处，缓缓的小河被人用稀落的石块拦住了，留下一些浅浅深深的缺口。守着缺口的是几个披着波浪长发的阿伊努人，他们手握带钩的长杆，静静等待着洄游的大马哈鱼。太阳还没有下山，阿伊努人收拾了渔具，回家了，大马哈鱼在背上的鱼篓使劲地扑腾。他们影还没有完全地消失，一群矮而小的狼，迅速占据了他们留下的缺口。这群爱吃鱼的狼高不到35厘米，长不到1米，是世界上最小的狼，只在日本生存。人们称之为日本狼，或者倭狼。

当阿伊努人回到他们的村落之后，远处的山林中传来群狼长长的嗥叫。阿伊努族人把它们叫作"远方长嗥之神"。他们选一块上好的圆木，剥了皮，用刀在上面刻下狼的图案。他们甚至在山林的深处，建起供奉着倭狼的神社。在传说中，狼是大自然法则的执法者。阿伊努人相信，每一个生灵都有着自己的守护神。如果尊重它们，它们的神灵也会护佑人类。所以，他们祭狼、祭熊、祭鲑，祭祀的时候，模仿动物，跳起鹿舞、鹤舞、狐舞、孔雀舞，真切表明自己对自然的一片尊崇之心。

可是尊重一切生灵的阿伊努族，却受到了同类最为残酷的对待。日本的大和人在驱赶和迫害他们的同时，甚至不承认他们的存在，声称日本完全是个单一民族国家。

经过历代的战争，阿伊努人被驱赶到了北海道。如今北海道许多地名都来源于阿伊努语。"札幌"，意为"大的河谷"；"小樽"，意为"砂川"；"名寄"，意为"乌鸦出没的城市"。

到日本明治维新时，阿伊努人遭到了毁灭性打击。政府强令他们离开森林、原野和蔚蓝的大海，搬进贫瘠的"给与地"，让他们成为日本最为贫寒与孤独的一群。日本政府禁止他们使用本民族语言，起本民族的名字，要求他们学说日语。政府还禁止他们从事擅长的打猎、捕鱼，让他们务农。而他们的传统生活方式、风俗习惯和宗教文化也被剥夺殆尽。大和人称他们为"虾夷"族，他们被迫居住的地方被叫作"薯部落"，因为那里又土又穷又粗。阿伊努人忍受着歧视，到大和人开办的渔场、工厂里去做那些没人肯干的脏活、累活，换取低廉的工钱。一些家庭没钱看病，无力抚养孩子，曾发生过生养10个孩子只有1个孩子生存下来的悲惨之事。现在，日本的阿伊努人只剩下2万多

人，会说本族语言的只剩下15个家庭。

那个让日本走向现代化进程的变革，在扼杀阿伊努族的同时，也给日本倭狼带来灭顶之灾。大和人不断地强占狼群的生存之地，狼群步步后退。这一次，大和人没有给倭狼留下一块"给与地"。倭狼的反抗只是袭击家畜，骚扰村庄，极其软弱无力。日本政府宣布倭狼为"偷羊者"，下达悬赏捕捉令。1907年，最后一只倭狼在奈良县的吉野郡鹫家口被人捕杀。

日本倭狼被灭绝之后，野鹿开始泛滥。日本林业厅公布，倭狼消失不到百年，已有44平方千米的森林消失。此时，又有人发出呼吁，应该从国外引进狼群。

• 意大利狼

意大利狼是灰狼的一个亚种，属于食物链上层的掠食者，通常群体行动。它们生存于意大利亚平宁山脉的森林和山地，是世界上最大的野生犬科家族成员。它于1921年首次被描述、命名，并于1999年被确认为新的亚种。因为群落数量的增加，瑞士南界也出现意大利狼的踪迹。在2000年以来，它们的生存范围扩大到法国南部，尤其是马尔康杜自然公园里。在上述3个国家中，意大利狼已受到法律的保护。

意大利狼属中型狼，比典型的欧亚森林狼小一些。它们的身体长度通常介乎于100~140厘米；在体重方面，雄性的平均体重为24~40千克，而雌性的体重通常比雄性轻10%。尽管曾于穆杰罗及托斯卡纳—艾米利亚亚平宁发现毛色黑色的物种，但大部分的毛色是灰色或啡色。

跟欧亚狼及欧亚犬比较，它们的群落构成最单纯，受到其他欧洲野犬的杂交程度是最少的。但是在2004年，人们在托斯卡纳大区中南部的锡耶纳省发现了3只意大利狼，它们的后脚上有3只狗上爪，相当稀奇，这可以反映出它们的基因已被

其他犬只混种。部分生物学家认为这个特征可以用来分辨混种跟纯种的意大利狼。

意大利狼在黑夜中才会进行猎食，其食物有臆羚、野猪、狍及马鹿。当无法找到以上物种时，它们会找一些小型动物，例如野兔及家兔来吃。一只意大利狼每天可以吃1.5~3千克的肉类。有时候它们也会为了增加膳食纤维，而吃些植物的根以外的部分及莓类。它们在城市生活也没有什么大问题，因为它们能够接受并进食家畜及动物残渣。

- 埃及狼

埃及狼也叫非洲狼，是灰狼的一个亚种，生活在阿拉伯半岛的沙漠、山地和苔原，是世界上最大的野生犬科家族成员。

埃及狼是灰狼中较小的亚种，瘦长，有一双很帅的按严格比例构建的短耳朵，背部的皮毛是黄灰色并夹杂着黑色，耳朵的背面和四肢的外表面是红黄色，尾巴终端以及侧面有一半颜色略暗，这之间有白色的弧形边缘。往往被错误的认成金豺。

埃及狼的体重只有9~16Kg，平均13Kg，比阿拉伯狼更小。颅全长185~205厘米，体长82~92厘米。这个体形放到胡狼中很大，而在灰狼中就是小不点了。

在阿拉伯半岛，埃及狼的交配通常发生在春天2~4月。窝点建立在树木的根部，或岩石洞穴和缝隙中，妊娠期62~65天，通常母狼一窝产4~5只小狼。初生的小狼崽头10天盲视毛色土黄色。几个星期后，小狼可以开始离开巢穴，但仍由母乳喂养2~3个月。年轻的幼狼要2年时间才完全成熟。

• 东部森林狼

东部森林狼是北美地区分布最广泛的狼，也叫美东狼。以前曾经分布于美国从明尼苏达到佛罗里达的广大地区。东部森林狼属于灰狼，是犬类动物中最大的野生动物。生性狡猾凶残，善于团队合作，是自然界中强大的杀手。

东部森林狼体长约1.5～1.7米，包括38～48厘米长的尾巴，肩高约76厘米。体重约23～45千克，成年雄性的平均体重为34千克，雌性为27千克。美东狼比大平原狼、北极狼小一些，和墨西哥狼差不多大，但仍比欧亚大陆的中国狼、印度狼等要大。

东部森林狼的毛色一般为灰棕色，不会像典型灰狼那样出现纯黑色或纯白色；背部和胸部两侧覆盖着较长的黑毛；耳后及吻部呈红褐色，腿较短。到了冬天，颈部、肩部和臀部的皮毛颜色会变深。

东部森林狼是群居动物。狼群内部的社会结构复杂，通常是由一对成年狼夫妇和其后代组成。这种统治者和从属者的分层，有助于狼群统一团结。狼群通常有2～15只，数量主要受其捕食对象数量的影响。在狼群内部通过气味、叫声、面部表情和肢体动作来进行交流。

东部森林狼是食肉性动物。20世纪80年代有人统计过，林狼的食物中,55%是

白尾鹿，16%是海狸，10%是野兔，19%是老鼠、松鼠等其他小的哺乳动物。随着季节的变化，它们捕捉的动物也有所不同。例如，在春天和秋天的时候，海狸忙着在河岸边砍树，寻找和搬运食物，很容易捉到，狼这时候就吃得比较多。到了冬天，海狸都躲到冰层下面去了，它们就得捕捉鹿和兔子。夏天的时候，它们主要吃各种各样小的哺乳动物。

东部森林狼在1~2月进行交配。大约2个月后母狼产崽，每窝产崽4—7只。幼狼生下以后受到群体成员的共同照顾，吃父母打猎回来的反刍食物。等到性成熟以后（不到两年），它们就得离开，出去寻找自己的伴侣，建立自己的领地。寿命大约是12~14年。

东部森林狼的生活适应性很强，森林、苔原、平原、山地都能找到他们的身影。美东狼曾一度被认为分布在南至佛罗里达，西至明尼苏达，北临哈德逊湾

的北美东部广大地区。现已证明其分布地局限在加拿大安大略、魁北克南部圣劳伦斯地区和美国东北部（休伦湖以东）。目前主要集中在安大略的阿冈昆公园。在野外，美东狼和郊狼、太平原狼广泛

害。但它的命运和其他濒危动物一样，由于北美殖民地的开拓，栖息地的不断减少和人的肆意捕杀，数量逐年减少。到了1973年，林狼的处境和价值才被认识，列入受保护的濒危动物范围。虽然如此，人类的捕猎活动和对其栖息地的开发仍然对东部森林狼的生存构成巨大威胁。

目前，东部森林狼已经被《濒危动物种保护法》列入濒危保护动物目录。

杂交，这已成为美东狼种群所面临的最大威胁。现在它们活动的区域仅仅是当初的3%。目前，狼群最多的地区在蒙大拿州北部，另外还有两个较小的群体生活在密歇根州和威斯康星州。而在美国东北部的纽约州和新英格兰地区，狼群已经灭绝100年以上了。

东部森林狼在自然界中本没有天敌，影响其数量的主要因素是疾病和自然灾

美国狼类保护组织致力于在美国恢复野生狼的种群。他们力图将东部森林狼重新引入五大湖区的野外生态环境中，目前在纽约州的Adirondack公园进行狼的野化训练。

• 大平原狼——最典型的北美灰狼

大平原狼分布极广，曾经包括除西北部和东南部以外的整个北美大陆，然而由于过度捕杀，上世纪中叶这种狼在美国境内几乎绝迹。1974年被美国野生动物局列为保护动物以后，大平原狼的数量迅速回升。目前在美国的分布集中在五大湖西部的明尼苏达、威斯康辛、密歇根三州，数量已超过4000只，因此美国野生动物局将其从濒危动物名单中删除。美国西部原来生活着大平原狼的地区，如黄石、爱达荷中部，现已从阿尔伯塔引入马更些狼。

大平原狼是最典型的北美狼。在明尼苏达称重的近 2000 只大平原狼中，900 多只雄狼平均 35Kg，900 多只雌狼平均 28Kg；威斯康辛、密歇根等地大平原狼的体重也类似；安大略、魁北克的个体，雄兽平均 28Kg，雌兽平均 25Kg；雄拉布拉多狼平均 29Kg，雌狼平均 27Kg；温哥华岛狼雄性平均 36Kg，雌性平均 32Kg。不同族群的体重有明显区别，西部太平洋沿岸、落基山、努纳武特地区的族群要比典型的大平原狼大一些。一般来说大平原狼超过 50Kg 已很罕见，苏必利尔湖北岸曾出现 60Kg 的超大个体。

五大湖地区西部的大平原狼，雄性颅全长 238~274 毫米，颧宽 125~150 毫米；雌性颅全长 224~268 毫米，颧宽 121~142 毫米。拉布拉多狼更小，雄性颅全长 229~247 毫米，颧宽 121~133 毫米。北美西部太平洋海岸分布的大平原狼（包括亚历山大群岛狼、温哥华岛狼、小瀑布山狼），雄性颅全长 253~279 毫米，颧宽 136~140 毫米；雌性颅全长 248~251 毫米，颧宽 127~136 毫米，已较接近马更些狼的水平。落基山狼雄性颅全长 242~259 毫米，颧宽 128~146 毫米；雌性颅全长 243~245 毫米，颧宽 124~132 毫米。因此，无论体重还是颅全长，大平原狼不但远逊色于马更些狼，也明显不如欧亚森林狼、欧亚苔原狼，甚至也不如欧草原狼，不过仍明显大于中国狼，通常为灰、黑、棕、浅黄、红色等，或它们的混合色。

和其他狼一样，大平原狼是一种社会性的动物，通过用身体语言，气味标记和发声传递消息。平均一群狼由 5~6 只组成。大平原狼的领地大小取决于那个地区猎物的密度。大平原狼的猎物是白尾鹿、驼鹿、海狸、野兔和较小的鸟类以及一些哺乳动物。

马更些狼——世界上最大的灰狼

马更些狼主要分布在北美西北部，包括加拿大西部和阿拉斯加（东南部除外）。马更些狼不仅是北美最大的灰狼，也是世界最大的灰狼。不同族群的体重略有差别，一般来说雄狼平均约45~50千克，雌狼平均约40千克。西北领狼雄性41~53千克，雌性32~50千克；育空狼雄性32~67千克，雌性26~59千克；不列颠哥伦比亚狼，雄性39~60千克，雌性36~52千克；现生活在黄石的狼是20世纪90年代从阿尔伯塔引入的，属于最典型的马更些狼，雄性重44~64千克，雌性重40~52千克。

马更些狼的体重比欧亚苔原狼和欧亚森林狼更大，在阿拉斯加空腹状态下称重的60只雄狼平均45千克，50只雌狼平均37千克。在沃罗涅日空腹状态下称重的48只雄欧亚森林狼平均40千克，32只雌狼平均36千克；而欧亚苔原狼雄性空腹状态下平均40千克，雌性37千克。

欧亚森林狼在不同地区的体重也有所区别，如斯堪的那维亚半岛的个体雄

性平均重48千克，雌性亦达39千克；这已超过了西北诸领地及不列颠哥伦比亚部分地区的马更些狼。但仍不及育空、阿尔伯塔等地的马更些狼。最小的马更些狼居群来自不列颠哥伦比亚克内尔、西北诸领地大奴湖，雄兽重44~45千克，雌兽重37~38千克，已超过欧亚森林狼的总体平均水平。而欧亚森林狼的下限要小得多，如别洛韦日森林的62只雄狼平均35千克，58头雌狼平均29千克。

雄马更些狼可以轻松超过50千克，超过60千克的也不少见。育空海岸山脉曾出现70千克的大雄狼，而在阿拉斯加和阿尔伯塔，分别有79千克和78千克的记录，此外吉尼斯世界纪录上还提到了一个104千克的未经证实的个体。欧亚森林狼比较可靠的上限是76千克，也有未经证实的96千克的个体被记录下来，和马更些狼很接近；但对多数地区的欧亚森林狼来说，50千克已经是大个体了，60千克以上的很罕见。欧亚苔原狼的大个体更无法和马更些狼相比。

雄马更些狼的颅全长248~293毫米，颧宽132~164毫米；雌狼颅全长241~278毫米，颧宽130~154毫米。不同居群略有区别，一般来说阿拉斯加苔原狼要比典型的马更些狼及育空狼、哥伦比亚狼、马尼托巴狼小一些，西北诸领地苔原狼更小。基奈山狼曾号称是最大的狼，网上流传着许多夸张的数据；仅有的一例雄兽头骨

标的本颅基长255毫米, 颧宽150毫米, 推测颅全长可超过280毫米, 这个标本的尺寸虽很大, 但完全在马更些狼的变异范围之内。

雄性马更些狼颅全长的平均值可达270毫米, 较欧亚森林狼、欧亚苔原狼有约1厘米的优势。典型的马更些狼及育空狼, 哥伦比亚狼, 马尼托巴狼的颅全长都可超过280毫米, 而欧亚狼超过280毫米的记录已非常罕见。最大的马更些狼头骨颅全长达305毫米, 来自阿尔伯塔, 而欧亚狼没有超过290毫米的记录。马更些狼为世界第一大狼, 名副其实。

马更些狼包括7个族群。最典型的马更些狼见于阿尔伯塔东部及西北诸领地南部, 1995~1996年引入黄石公园和爱达荷中部。也叫马更些河谷狼、马更些森林狼、加拿大森林狼。

• 印度狼

印度狼又叫中东狼、伊朗狼, 是很小的一种狼。雄性一般重17~26千克, 平均22千克, 特大个体可达32千克; 雌兽体重多在16~19千克之间。据《印度动物志》, 成兽体长89~99厘米, 尾长32~36厘米。印度狼雄兽颅全长210~242毫米, 雌兽颅全长202~227毫米比西藏狼和蒙古狼更小。雄狼颧宽约125毫米, 雌狼则不到120毫米。

- ## 哥伦比亚狼

　　哥伦比亚狼是灰狼的一个亚种，主要分布在加拿大西部的不列颠哥伦比亚省的大部分地区，阿尔伯塔省，阿拉斯加西南地区的亚历山大群岛的大部分地区，是世界上最大的野生犬科家族成员。

　　哥伦比亚狼的体重可达70千克，体长1.8米。体色一般黑色或灰色，也有灰色或棕色混合形。通常集群或单独活动。

　　哥伦比亚狼的食物成分很杂，通常猎食兔子、鸟、鹿和其他有蹄类动物。

　　狼群中占主导地位的公狼和母狼会在2月左右交配，怀孕期约62~75天，母狼通常会在巢穴中产下大约2只幼崽。

- ## 马尼托巴湖狼

　　马尼托巴湖狼是灰狼的一个亚种，又叫萨斯喀彻温狼，毛色多为灰色或白色。目前已极危或灭绝。马尼托巴湖狼

分布于加拿大西北地区和阿尔伯塔省、萨斯喀彻温省、马尼托巴省及纽芬兰省的森林、山地、寒带草原、针叶林和草地。

　　马尼托巴湖狼是中大型的灰色或白色狼种。平均体长1.2~1.5米，身高70~90厘米，体重约36~64千克，雌性略小于雄性。头部的毛发很浓密，有浅灰色、黄白色或奶油色，在冬季颜色变得较淡。马尼托巴湖狼的主要食物来

源是北美驯鹿。繁殖季节为1月。怀孕期约62~75天，母狼通常会在巢穴中产下大约4只幼崽。

马尼托巴湖狼是否可以独立地成为灰狼的一个亚种，专家们还有争议，很多人认为它仅仅是哈德逊湾狼。

• 拉布拉多狼

拉布拉多狼是灰狼的一个亚种，生活在加拿大拉布拉多高原的森林和山地，是世界上最大的野生犬科家族成员。

拉布拉多狼属于中等体型的狼，它们的毛色变化很大，从深灰色到白色都有，平均从38~52千克。

拉布拉多狼会集群围捕狩猎，捕食大型有蹄类动物，主要是以驯鹿群为捕猎对象。它们还捕食驼鹿、麝香牛、野兔、海狸和其他啮齿类动物和鱼类。

拉布拉多狼交配通常发生在春天。妊娠期长达62~65天，通常母狼一窝产4~6只小狼。初生的小狼崽头10天盲视，毛色褐色。几个星期后，可以开始离开巢穴，但仍由母乳喂养2~3个月。年轻的幼狼要2年时间才完全成熟。

哈德逊湾狼

哈德逊湾狼是灰狼的一个亚种，活动在加拿大西部和北部的森林、山地、寒带草原和苔原，主要是哈德逊湾的西部和北部，有时也会随着驯鹿群而迁徙到南部去，是世界上最大的野生犬科家族成员。

哈德逊湾狼体型中等，冬季毛色是几乎纯白的。过去常被错误地称为"苔原狼"。平均体长1.2~1.5米，身高70~90厘米，体重约36~64千克，雌性略小于雄性。头部的毛发很浓密，有浅灰色、黄白色或奶油色，在冬季颜色变得较淡。

哈德逊湾狼会集群围捕狩猎，捕食大型有蹄类动物，如驯鹿，驼鹿和野牛。当大型的猎物不充足时，也会吃腐肉和小动物。平均每天需要约4.5千克肉。

哈德逊湾狼并没有被《世界自然保护联盟》进行评估，虽然许多人认为这种狼也濒临灭绝。它在野外的寿命约为10年。

• 北落基山狼

北落基山狼是灰狼的一个亚种，原栖息地在加拿大艾伯塔省南部，后延长至北落基山脉，现分布于冰河国家公园以及蒙大拿地区，是世界上最大的野生犬科家族成员。

北落基山狼是浅色狼，这种狼的体型属于大中型规模，平均从 38~52 千克。最大的发现纪录为 66 千克。

北落基山狼会集群围捕狩猎，捕食大型有蹄类动物，主要是当地曾经密布的野牛群。随着野牛族群大部分被消灭。这些狼开始被迫转吃人类饲养的牛群，这也是它们几乎灭绝的根本原因。也有人认为真正的北落基山狼可能早已被人类消灭殆尽；现在美国落基山北部生活的是从加拿大引入的马更些狼。

在 2008 年，北落基山狼被《世界自然保护联盟》从濒危物种名单中解除，数量已经达到平衡和自然繁殖的正常水平，但美国并不打算在本国法律中将北落基山狼从濒危名单中删除。

• 温哥华岛狼

温哥华岛狼是灰狼的一个亚种，也是加拿大的不列颠哥伦比亚省温哥华岛上的特有物种，是世界上最大的野生犬科家族成员。

温哥华岛狼是一种中等体型的狼。从鼻子到尾部的身长1.2~1.5米，大约高66~80厘米，重达30~60千克。它们的皮毛通常是灰色、黑色和褐色的组合，也有纯白色的品种。

温哥华岛狼是高度社会性的动物，通常以5~35只的狼结群生活，狼群等级严格，在集群中占主导地位的狼王有权力第一个吃队友猎捕的食物。温哥华岛狼是濒危物种，而且生性谨慎，只能在夜间听见它们远远的嗥叫。

温哥华岛狼在野外属于濒危物种。他们的主要食物是哥伦比亚黑尾鹿和罗斯福马鹿，也吃小动物和植物。

温哥华岛狼的繁殖季节为1月。怀孕期约62~75天，母狼通常会在巢穴中产下大约4只幼崽。

温哥华岛狼1800年在盐泉岛周边的一些岛屿消失。1970年在加拿大被列入濒危野生动物名单。1973年动物保护组织对温哥华岛仅存的37头狼启动了保护计划，1976年温哥华岛狼种群已经回升到88头，1977年，它们从受威胁和濒危物种名单中删除。

• 小瀑布山狼

小瀑布山狼是灰狼的一个亚种，曾经分布于加拿大西南部和美国加尼福尼亚州北部地区，主要是北美洲环太平洋海岸山脉——喀斯喀特山脉地区，是世界上最大的野生犬科家族成员。

小瀑布山狼就是传说中的"褐狼"，因为它的毛色是肉桂色或浅黄色的，它

的体型中等。传说其行为诡秘，但现在无从知晓，因为它已经灭绝了（1940年灭绝）。它们的大小和北落基山狼及南落基山狼都非常相似，在灰狼亚种中属于体型中等大小的狼，平均身高90厘米，体长1.2~1.5米，体重36~40千克。毛色一般是肉桂色、浅黄色或棕灰色，偶尔有红色和黑色的个体，背部的梢毛是黑色和灰白色。

小瀑布山狼的主要食物是家畜和小型动物。

小瀑布山狼的繁殖季节为1月。怀孕期约62~75天，母狼通常会在巢穴中产下大约4只幼崽。

• 亚历山大群岛狼

亚历山大群岛狼是灰狼的一个亚种，分布于阿拉斯加东南沿海。它们中的大部分居住在阿拉斯加的通加斯国家森林公园。从大陆迪克森入口至亚库塔特湾，亚历山大群岛（除金钟岛），巴拉诺夫和奇恰戈夫主要岛屿都可以找到它们的踪迹。亚历山大群岛狼生活的岛屿陡峭崎岖，从淹没的海岸线到沿海山脉的顶部，密集的森林有丰富的野生动物。这些狼在许多岛屿之间自由旅行，其范围会随着时间的推移出现明显的变化。这使得人类专家很难准确掌握其数量的准确性和分布规律。这种灰狼的亚种，因为群山和水域使它们与其他品种的狼隔离，

形成单独的种群。

亚历山大群岛狼据称是北美洲所有狼中体型最小的。也有人说称其为最小的一种狼是以讹传讹，实际上亚历山大群岛狼仅是阿拉斯加州最小的一种狼，在灰狼这整个物种中仍居于中型偏大的水平。有人描述亚历山大群岛狼应该比温哥华岛狼大。这些"岛屿狼"的毛短，颜色深，黑色也是比较常见的，但其实并不是真的纯黑，不过是黑色的毛覆盖了灰色的。它们平均约1米长，61厘米高，体重14~23千克。

亚历山大群岛狼会集群围捕狩猎，主要食物是锡特卡黑尾鹿，还捕食驼鹿、水獭、貂类动物，其他小型哺乳动物和鸟类。研究人员已经了解到，一些狼也花时间捕食对鲑鱼，而且食量惊人。

在阿拉斯加东南部，亚历山大群岛狼的交配通常发生在春天2~4月。窝点建立在树木的根部，或岩石洞穴和缝隙中。

亚历山大群岛狼到2004年被认为是750和1100头之间。列入《世界自然保护联盟》2008年哺乳纲红色名录，它们仍然是非常罕见的野生哺乳动物。

• 纽芬兰白狼

纽芬兰白狼是灰狼的亚种之一。原生活在加拿大东岸的纽芬兰岛上，因人类捕杀而在20世纪初灭绝。1842年，纽

芬兰地方政府为追捕这种动物的人设立奖金。1911年，它们成为北美洲灰狼许多亚种中第一个灭绝的亚种。原本由纽芬兰白狼所占据的生态位目前已被来自加拿大大陆的东方郊狼替代。

纽芬兰白狼是狼体形较大的一种，身

长近 2 米，重 70 千克，有巨大的头和细而柔美的身体，它的全身都是白色的，只有头和脚呈浅象牙色。在大雪中这无疑是最完美的保护色。

纽芬兰白狼晚上觅食，一次可远行 200 千米。春天和夏天常常在岩石的裂缝下挖洞来生崽。白狼和北半球的狼一样成群结对，公狼和母狼成双成对。它们常常多个家族在一起生活。纽芬兰白

狼原本生活在加拿大土著人贝奥图克的领地内。纽芬兰的冬季漫长，厚厚的冰雪覆盖了整个荒原。夜色中，一个白色的影子像风一样掠过，在冰雪把月光折射成碎片的那一瞬，陡然消失——有人把白狼美丽的白毛和柔美的身段加以诗意的想象，称它为"梦幻之狼"。春夏之季是它们的繁殖季节。它们把生儿育女的洞穴挖在荒山的裂缝下面，然后在夜色中行走200千米去寻找食物。令人惊讶的是，总被人形容成凶恶残暴之物的狼，却与纽芬兰的土著奥图克人和谐共处，千百年来，他们互不敌视，互不干预，于是，纽芬兰白狼又被人称作"贝奥图克狼"。显然，在瑞典著名生物学家埃列克·齐

们深入狼群之前，贝奥图克人就已经知晓，狼、大自然和人，其实有着良好的关系。

可是英国人却不这么想，在欧洲人征服新大陆的过程中，纽芬兰白狼从天然的居民变成了"贪婪的魔鬼"。英国政府曾悬赏贝奥图克的人头。1800年，英国用"现代文明"的枪炮征服了纽芬兰，消灭了贝奥图克人，继而开始对纽芬兰白狼下毒手，因为纽芬兰白狼总是袭击他们的家畜。1842年，英国以保护驯鹿不受狼威胁为由，下令悬赏捕杀和毒杀白狼，公狼母狼大狼小狼一律格杀勿

论，人们在鹿的尸体中注入马荀子茧，放在纽芬兰白狼可能经过的地方，这样无论是公狼母狼还是狼仔都无法逃脱厄运。屠杀中很多野生动物同时遭殃，被误毒而死的鹿、野兔等动物就不计其数。不久，纽芬兰白狼遭到毁灭性打击。

1911年，英国豪华游轮泰坦尼克号建成下水，英国人在纽芬兰岛上枪杀了最后一匹白狼。1912年4月14日，泰坦尼克号在纽芬兰附近撞上冰山，1500余人随之沉入海底。当历史上最大的一次

海难发生后，悲伤的人们才明白，人类并不是自然的主宰。在纽芬兰附近的大洋深处，岁月的淤泥缓慢地掩埋这泰坦尼克号的残骸，就像在掩埋一个永远无法愈合的伤口。那岁月的风雨，又怎能吹去贝奥图克人的啜泣和纽芬兰白狼的哀嚎？

67

中国狼

中国狼又名西藏狼、蒙古狼，是灰狼的一个亚种。它们是世界上最大的野生犬科家族成员。这是一个冰河时期的幸存者，在晚更新世大约30万年前起源。DNA测序和基因遗传研究，中国狼和灰狼共享一个共同的祖先。它们生活在中国的中西部，俄罗斯和蒙古也有少量分布。

中国狼是一种体形中等的狼，毛长而色淡。大致20~30千克，体型比豺大不了多少。一些科学家认为就其体形和下颌骨的形态，它们最有可能是狗的祖先。中国狼的身体类似于普通的欧洲狼，但稍大，具有更短的腿，面色苍白，耳朵上、侧身和腿外侧的毛黄褐色。头骨和欧洲狼的形状、大小几乎相同，但中国狼的鼻子更长，身体更苗条，比印度狼大。在西藏，当地人认为狼毛颜色较淡的更具攻击性。

中国是狼种群数量大的国家之一。但是对狼的种群数量从未进行过系统调查，所以很难提出一个大概的数字。2008对内蒙呼伦贝尔草原狼的准确调查表明，狼的数量不超过2000只。在西北地区狼的种群数量尚无报道。

• 基奈山狼

基奈山狼是世界上体型最大的狼亚种和犬科动物，体长1.3~2米，肩高0.9~1.1米，体重70~100千克。体重比现存最大的犬科动物不列颠哥伦比亚狼还要重上10千克。全身毛色主要为灰色，稍带些白色和黑色。

基奈山狼喜欢结群生活，有时可达上百只。每群由一只健壮的成年公狼率领，捕食大多由母狼完成。它们几只或十几只一起出动围攻猎物，就连麝牛、驼鹿等大型有蹄类，在它们的围攻下也得坐以待毙。它们奔跑速度很快，可达每小时60千米，因此只要被它们发现的猎物就很难逃脱，在群内，公狼是十分悠闲的，一般只负责照看一下幼崽。基奈山狼对环境适应能力很强，在非常饥饿时，果子、块茎和一些植物都是它们的食物。别看它们是凶恶的动物，却极有洁癖，平时十分注意保持窝内的卫生。

每年4~6月间，是母狼产崽时期，在此之前，母狼会自己找好一处新的巢穴，使幼崽出生后就有一个舒适的新家。母狼孕期60~65天，每胎可产5~10只幼崽。

由于基奈山狼只适合生活在高寒地带，所以分布范围十分局限，在历史上仅存于美国阿拉斯加州基奈半岛。基奈半岛地域狭小，因此基奈山狼在没有人类大规模捕杀之前，也只有2万多只。16世纪后期，英国人来到了基奈半岛，他们到来后并没因基奈山狼数量稀少而放过它们，而是将其视为邪恶的象征进行捕杀。在人类长期逐杀之下，基奈山狼的数量在几百年里日益减少，根据估算，从1590年至1900年，被人类捕杀的基奈山狼达3万余只。到20世纪初期时，只剩下不足30只了，在以后的十几年中，为数不多的基奈山狼逐一死在了人类的枪口之下。1915年5月，一只母狼在基奈半岛北部的一个山谷中被人们打死，这是最后一只基奈山狼了，在此之后，它的踪影再也没有被发现过。这只母狼的倒下，标志着整个基奈山狼种族从地球上的彻底消失。同年，基奈山狼，这种曾经最大的犬科动物和狼，称雄北美洲的食肉动物，被世界宣告灭绝。

• 班克斯岛苔原狼

班克斯岛苔原狼是狼的一个亚种，生活在北美洲西北部的班克斯岛。它们活动在森林、山地、寒带草原、草地，是野生犬科家族成员。

班克斯岛苔原狼比北极狼略小，是一种体形很大，四肢瘦长的动物。身高达1.2米；从鼻尖到尾巴的长度是1.8米；重量从24~50千克。毛色几乎是纯白，但背脊上的毛的梢却是黑色的，用以保护背部，后肢略细。这种狼机警、多疑。其模样同狼狗很相似，只是眼较斜，口稍宽，尾巴较短且从不卷起并垂在后肢间，耳朵竖立不曲。

班克斯岛苔原狼集群或单独活动。食物成分很杂，吃鹿类、加拿大盘羊、白山羊、叉角羚、兔子以及啮齿动物。狼群的大小变化很大，常因季节和捕食的情况不同而改变。

班克斯岛苔原狼被认为是濒危物种。现仅存在于加拿大西北地区的班克斯岛。1918~1952年维多利亚岛的狼被打绝了。这种狼列入《世界自然保护联盟》2008年哺乳纲红色名录。

• 莫戈隆山狼

莫戈隆山狼属于灰狼的亚种，曾分布在亚利桑那和新墨西哥，1935年被消灭殆尽。比墨西哥狼大，但比得克萨斯狼略小。

• 育空狼

育空狼分布在育空和阿拉斯加的中部，又叫阿拉斯加内陆狼、阿拉斯加森林狼。北美乃至世界现存最大的狼。毛色通常为黑色混合着灰、棕、白色。这种狼分布遍及整个阿拉斯加州，除了北冰洋沿岸的苔原地区。

• 密歇根苔原狼

密歇根苔原狼又名马更些苔原狼。这种狼生活在北冰洋沿岸地区，从加拿大西北部的苔原一直延伸到马更些河和大熊湖。中等体形，是马更些狼的7个族群中体型最小的一个。毛色有白色、黄白色、灰色、黑色，或上述几种的混合色。

• 巴芬岛苔原狼

巴芬岛苔原狼顾名思义，分布在巴芬岛，是北极地区最小的狼。已濒危，毛厚，通常为白色。

• 南落基山狼

南落基山狼分布在落基山脉南部，包括怀俄明南部、科罗拉多西部和犹他，1935年灭绝。毛色较浅，体形中等偏大。

• 格陵兰狼

格陵兰狼分布在格陵兰北部，可能已灭绝。毛色浅，甚至为白色。体形比北极狼或者班克斯岛狼要小，很可能是营养原因所导致的。

• 得克萨斯狼

得克萨斯狼曾分布在新墨西哥东南部，得克萨斯和墨西哥东北部，1942年灭绝。毛色一般较深，但也有浅色个体被发现。得克萨斯狼的体型并不像典型的墨西哥狼那么小，体形介于典型墨西哥狼和大平原狼之间。

• 喀尔巴阡狼

喀尔巴阡狼分布于中欧，过去也曾作为一个独立的亚种，现一般只作为欧亚森林狼的一个地理居群。根据资料，pocock测量3只雄狼重29~32千克，颅全长251~268毫米，颅基长231~250毫米，颧宽132~151毫米。可见喀尔巴阡狼比典型的欧亚森林狼要小一些，但也不乏大个体。

• 伊比利亚狼

伊比利亚狼和意大利狼差不多大，雄狼重29~46千克，雌狼重27~34千克。这种狼分布于西班牙北部山区。体长105~135厘米，体重25~55千克。1980年有2000只。

红狼 >

红狼又称赤狼，是北美特有的一种犬科食肉类动物，外貌似狼但比狼稍小且毛色较红。生活在美国东南部的森林与湿地。欧洲移民后曾肆意捕杀并最终导致野外灭绝，在1987年部

71

被驯化的种群被野化并释放于野外。近期有研究指出其祖先是灰狼与郊狼的杂交后代。

红狼曾经遍布整个美国东南部，从大西洋沿岸的宾夕法尼亚州到佛罗里达州到得克萨斯州中部，从墨西哥湾沿岸到密苏里州中部和伊利诺伊州南部，也出现在北缅因州。红狼的自然辐射领地是64~129平方千米。任何可以提供足够的食物，水和浓密的植被的土地，都可以成为红狼的栖息地。

分布的主要领域是北卡罗莱纳州的鳄鱼河国家野生动物保护区和大烟山国家公园。

红狼是食肉目犬科犬属的一种，会结群捕食鹿类，单独实则捕食兔子等小型动物。

自欧洲移民以来就因毛皮、与农民冲突而被大量捕杀，与郊狼杂交也是重要原因。1900年和1920年之间，红狼

被人类猎杀的范围最大，人们使用下毒、狩猎和捕杀的手段，给美洲东部红狼的数量造成毁灭性打击。到1980年，曾经占

据几乎所有美国东南部的红狼被宣布在野外绝迹。后来在1987年将圈养的狼野化并重新引入北卡罗莱纳州，现今数量在100只左右。

在20世纪70年代末，有14只红狼在野外被发现，因为纯种基因保护而被圈养繁殖。自1987年以来，已经有数百只红狼重新放回大自然中。然而，它们仍然被一些人看作是不需要的入侵者并追捕。此外，与狼杂交的威胁仍然存在。

由于红狼被放到野外和人工繁殖，

出现了数量上升的良好趋势。随着有关保护组织对红狼保护的教育宣传，并增加拨款，红狼有望在野外继续孕育和生存，再次成为在北美东海岸的蓬勃发展的动物。

截至2002年9月，大约有175只红狼在美国和加拿大的33个设施点圈养。该圈养种群的目的是为了保障该物种的遗传完整性，并为重新引进动物。

红狼的演变过程可追随到500万年前，当红狼与灰狼、东方狼（东加拿大狼）、郊狼的共同祖先（种类不确定）出现在北美大陆。之后有的种群通过白令地峡（当时的白令海还是陆地）进入欧亚大陆，并演变出现在的灰狼。而留在北美洲的种群逐渐演变出郊狼、东方狼与红狼。也有很多人反对这一学说。有的认为红狼和东方狼都是灰狼的亚种。也有的认为红狼是郊狼和灰狼的杂交后代。

红狼体形在狼与郊狼之间，成年体长为1.1~1.3米，平均体重25千克，毛色为棕红色，背部与尾部呈灰黑色。

口鼻周围部分为白色。黑色个体也有记载，但现在可能已灭绝。每年换一次毛。耳朵较大，用来在美国南部炎热的天气分散热量。外貌与狼相似，鼻梁较宽，眼睛是杏仁状，但耳朵明显要大，跟郊狼一样。面部轮廓比郊狼深，且头部更宽。

红狼与同种之间的沟通行为是通过触觉和听觉信号，身体语言，信息素和发声进行的，这些都有助于交流有关的社会和生殖状态及心情。社会纽带往往是通过触摸实现。首先使用气味划定势力范围。

74

红狼需要26~259平方千米的栖息地和狩猎范围，通常在一个特定区域狩猎7~10天，然后换到新的区域和范围。主要在黄昏或黎明活动。主要食物是松鸡、浣熊、兔子、野兔、老鼠、腐肉和家畜中的动物。也会吃腐肉。红狼能够大量捕食老鼠，有助于控制这些害虫的种群。红狼的天敌是其他大型动物，如鳄鱼、大型猛禽美洲狮。

红狼主要是夜间活动的物种。以家庭为单位形成一定的活动和势力范围。群落中通常由一对交配并生育幼崽，生活和谐，红狼的叫声的频率和强度介于土狼和灰狼之间。

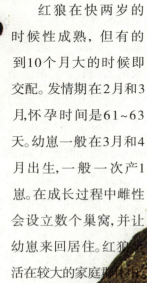

红狼在快两岁的时候性成熟，但有的到10个月大的时候即交配。发情期在2月和3月,怀孕时间是61~63天。幼崽一般在3月和4月出生，一般一次产1崽。在成长过程中雌性会设立数个巢窝,并让幼崽来回居住。红狼生活在较大的家庭群体中。

其中包括首领夫妇。幼崽在两岁时独立并移居。群体一般在2~11只，会用气味来标志自己的领土。一般在夜晚、黎明或黄昏活动。一般单独狩猎，但捕食较大的猎物时会成群活动。主要捕食鹿类、兔类以及啮齿类动物。偶尔会捕食家畜。没有攻击人类的记载，不过在美墨战争后曾经吃过士兵的尸体。

曾经广布于美国东部，北至纽约，南至佛罗里达州、西南至得克萨斯州的地方都有捕获。数百年的肆意捕杀，使得红狼数量急剧减少，到1980年野外已经灭绝，此后红狼仅存在于动物园中。

1987年大约50只红狼被野化并释放于北卡罗莱纳州的森林中，现在已较常见。现今数量为300只左右，其中有207只是驯养的，野外数量是100只左右，且数量正在上升。目前种群主要的威胁是与当地郊狼的杂交。由于数量较少导致寻找配偶的困难，红狼常与郊狼交配并产出杂种后代，这些后代又与红狼交配，导致纯种基因的污染。

红狼的品种普遍认为有3个，其中佛罗里达亚种佛罗里达红狼在1930年灭绝，得克萨斯红狼在1970年灭绝，指明亚种 Canis rufus rufus 在1980年也

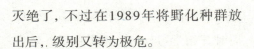
灭绝了，不过在1989年将野化种群放出后，级别又转为极危。

郊狼 〉

是北美独有的一种犬科食肉动物，体形比狼小与家养的牧羊犬差不多。200多年前，它们的活动区域还仅限于美国西北部地区，但如今已扩展到几乎整个北美。

郊狼具有典型的善于捕捉机会的特点。当美国大陆的狼群被大批捕杀的时候，郊狼从大平原向北向东迁移。现在，从地势高的阿拉斯加，从太平洋海岸到加拿大中部和美国新英格兰都有郊狼。郊狼、豺和狼都能与家犬交配，因此它们能相互杂交。

郊狼以一雄一雌与其子女为主组成的族群；有时可维持数年的时间。重量9~23千克；身长120~150厘米（含尾30~40厘米）；肩高58~66厘米，郊狼身高一般小于0.6米，颜色从灰白到黑色都有，有时还略显红色。郊狼的耳朵和鼻子与其头部相比较长。郊狼的主要特征是厚而多毛的尾部，一般拖在地面上。它的近亲狼的体型则要粗壮许多（一般为34~57千克）。郊狼的体型偏瘦，有时即便身体健康，也可能显得消瘦。

在捕食中，郊狼的速度可接近70公里/小时。有学者认为东北郊狼和鳕鱼角郊狼可能是与红狼杂交的品种。郊狼杂食性，以腐肉、野兔及小型哺乳动物为主，昆虫的天敌是狼。

郊狼以前基本是在白天活动，但受到人类活动的影响，现在主要在夜间出没。郊狼的寿命大约10年，饲养的最高纪录是18年。它不如狼合群，狩猎大多数是独立完成，有时候小家庭会合作。主要夜行，白天也活动。会自己挖洞，不过更喜欢不劳而获占据土拨鼠和美洲獾的洞穴。郊狼的时速65千米，一跳能达到4米远，会游泳，但不善于攀登。郊狼用嗥叫和气味传达信息。完全是肉食动物，食物中九成以上是哺乳动物，但也吃鸟、爬行动物、两栖动物和昆虫等。特别喜欢小型啮齿动物，例如兔子、地松鼠和老鼠。喜欢新鲜肉，但是也不忌讳腐尸。同类之间会合作捕猎大型猎物，甚至能和美洲獾合作捕猎啮齿动物。

根据所处环境的海拔不同，郊狼在1月末或2月初交配。孕期平均63天，一胎产4~6崽，4月末或5月初出生。公郊狼和母郊狼都负责抚养幼崽。3周大

的幼崽就能够离开父母的照看，8~12周时开始学习捕猎。到了秋天，郊狼幼崽便开始出外寻找自己的领地。郊狼的声音很容易听到，但想要目击一

只郊狼却没那么容易。一般在黄昏或夜晚可以听到郊狼的叫声，在春天发情季节和秋天幼崽离开父母这两个时段中最容易听到。

郊狼的行为与其生活的环境十分相关，差别非常大。通常郊狼以群体生活，但却单独捕猎，主要以啮齿类动物、腐肉、昆虫为食，有时也捕杀羊和鱼。在郊狼与鹿共生的环境中，成年郊狼每年常会捕捉1只鹿崽。郊狼的食性比较杂，除了吃肉类外，有时也会吃水果、草、蔬菜等。郊狼的天敌是狼、熊和美洲狮。而郊狼则会袭击比它更小的犬科动物，比如狐甚至狗。

人、狼和美洲狮都会捕杀郊狼，后两者还会杀死郊狼幼崽。郊狼在食物链中扮演着重要角色，抑制小动物数量膨胀。不过它也是狂犬病的寄主之一，农民们认为它会对家禽家畜造成一定威胁，它还和猎人争夺猎物。人们捕猎郊狼，用它的毛皮制作外套，在美国一张郊狼皮大约17美元。人是郊狼最大的敌人。

尽管遭受广泛的捕猎，郊狼是少数在人类迁入后，种群数量扩大的大中型动物之一，这一点与浣熊类似。起初郊狼只分布在北美的西半部，但由于人类活动的影响，它们从19世纪初开始扩大分布范围，现在在加利福尼亚、俄勒冈、新英格兰和加拿大东部都十分常见。

79

的城市，如洛杉矶，也
有目击到郊狼出没的报
告。

　　根据目前的统计，
郊狼包括19个亚种：

　　墨西哥郊狼

　　圣佩德罗马堤郊狼

　　萨尔瓦多郊狼

　　东南郊狼

　　贝利兹郊狼

　　洪都拉斯郊狼

　　杜兰戈郊狼

　　北方郊狼

　　蒂布隆岛郊狼

　　平原郊狼

　　山地郊狼

　　明恩斯郊狼

　　下格兰德郊狼

　　近年来，郊狼在城市郊区捕捉宠物
猫狗甚至袭击人类的例子有上升趋势，
这在过去是非常稀少的。在美国西岸

加州峡谷郊狼

半岛郊狼

得州平原郊狼

东北郊狼

西北海岸郊狼

科利马郊狼

胡狼 >

胡狼主要包括分布于非洲北部、东部，欧洲南部，亚洲西部、中部和南部等地的亚洲胡狼（又叫豺或金豺）；分布于非洲西部、中部和南部的

侧纹胡狼（又叫纹胁豺）；分布于非洲东部和南部的黑背胡狼（又叫黑背豺）；以及分布于非洲埃塞俄比亚西部山地的西门胡狼（又叫西门豺）等。有的书中将胡狼叫作豺，其实它们和豺并非一类，却与狼、犬等亲缘关系接近，同属于犬科动物。

今天世界上的所有哺乳动物都由同一个祖先，白垩纪的一种长得像鼠类的吃昆虫的小动物发展而来。6500万年前，恐龙时代的末期，这些动物有机会进化并分化成为今天世界的种种哺乳动物。食肉目动物大约在6000万年前的古新世出现。最古老的食肉动物是小

古猫，虽然称为猫，但却是所有猫科、犬科、熊科、鼬科、鬣狗科、麝猫科和鳍脚科（海豹海狮一类）所有动物的共同祖先。

大约4800万年前，小古猫中分化出了猫亚目和犬亚目两类。

犬科起源于始新世晚期，大约4000万年前，它们是食肉目动物中最古老的群体，最先从小古猫中分化出来。犬科动物的进化有 3 条主线，即犬科的 3 个亚科：现代犬亚科、古代犬亚科和 Borophaginae 亚科（类似鬣狗的犬科动物）。

古代犬亚科是犬科中古老的一个分支，4000万年前起源并发展于北美洲，它们长地仿佛是狐狸和黄鼠狼的杂交产物。大约在1500万年前，这一支逐渐灭绝，其中的汤氏属则进化成为今天的 Borophaginae 亚科而留存下

来。

而 Borophaginae 亚科，则是在 3400 万年前出现的。和古代犬亚科一样，它们只存在于北美洲。它们的体形比古代犬亚科的大很多，外观模样介于鬣狗和狗之间，一张大而有力的嘴是它们的特征。250万年前这一支也灭绝了。

最后的一支，就是现代犬亚科则进化成为今天所有的犬科动物。这一支几乎和另两支同时出现，但一直不繁荣，直到1500万年前，另两支开始衰落后，才开始发展壮大。这个亚科同样只存在于北美洲，直到700万年前，就是中新世的后期，才通过大陆桥来到了亚洲。

那些穿过大陆桥的就是成为那些现在的犬科动物的直系祖先，它们继续

食物链上的位置也和鬣狗类似，更大程度上是食腐者而不是猎手。它们的智力可能比较低，在加利福尼亚的 LaBrea 沥青坑中，发现的恐狼的骨骸远比其他动物多的多，整整 3600 具！

除了恐狼以外，其他几个狼的世系也在这个时期开始发展。灰狼是北美洲最早进化的狼，出现于 150 到 180 万年前，最终这一支进化成为了现代狼。

穿越大陆桥，在两个大陆间来回迁徙。这就是红狐和灰狼为什么在欧亚大陆和北美洲都有分布的原因。

40万年前，恐狼出现了，它的体形比现代的狼大，在很长一段时间内，它和狼并存在世界上，直到1万年前才灭绝。它的身体构造和现代的狼完全不同，身体更健壮结实，四肢比较细而且短，比较像鬣狗。它的下颚组织很大，使它有能力咬碎骨头。它在

胡狼的生活习性也与豺有所不同，既是食肉动物，也是食腐动物，在婚配方面维持严格的"一夫一妻"制，而且在抚养后代方面，雄兽和雌

不仅责任均等，而且任务也相似，如果雌兽出外捕食，雄兽就留在家中照看幼崽。一对胡狼通常占有一块领地，用自己尿液的气味圈划出疆界，常常一生都很少改变。

胡狼，又名豺狗，常被用作贬义词来形容奸诈狡猾之徒。它是一种孤僻的动物，对凡事都不怎么关心。但事实上，亚洲胡狼饱受负面报道的伤害。虽然臭名昭著，但亚洲胡狼其实表现出许多令人钦佩的特质。

被误认为食腐动物的亚洲胡狼，其实靠技巧和力量为生，它们当属较出色的掠食者之列。真相是，胡狼宁愿吃腐肉也不愿挨饿，虽然它更喜欢自己捕食猎物。事实上，胡狼是汤氏瞪羚的天敌。亚洲胡狼在高原上四处追逐猎物的情形，显示出它们具备非凡的技巧和勇气。

当迁徙的羚羊抵达肥美的草原、新生的羊羔蹒跚着长大成年时，一对忠贞的胡狼夫妇正在尽力安排自己幼崽的出生时间，以充分享受这段食物丰盛的季节。胡狼在抚养幼崽期间表现出许多令人钦佩的特质。它们恩爱

并终生相伴。观众可能还会惊讶地发现，和许多雄性动物不同，雄性胡狼在家庭生活中扮演着极其重要的角色。

胡狼的体形比豺稍小，主要食物是一些比较容易寻找和捕捉的小动物，如蜘蛛、甲虫、小鸟等，尤其是特别

留神秃鹫的行动，因为秃鹫是当地最著名的食腐动物，哪里有一群秃鹫，哪里就肯定会有一个死尸。虽然胡狼与秃鹫之间经常火拼，不过秃鹫仍然需要胡狼，因为尽管秃鹫有着尖硬的嘴。但缺少自己撕碎兽皮的力量，所

以只有等胡狼扒开死尸外面的那层硬皮，才蜂拥而上，并常常把胡狼挤走。

胡狼的嘴长而窄，张着42颗牙。胡狼有5种牙齿，门牙、犬齿、前白齿、裂牙和臼齿。其犬牙有4个，上下各2个，能有 2.8 厘米长，足以刺破猎物的皮以造成巨大的伤害。裂齿也有4个，是白齿分化出来的，这也是食肉类的特点，裂齿用于将肉撕碎。12颗上下各6的门牙则比较小。

胡狼与北美洲的郊狼有相似的生态位，专门捕猎细小至中等的动物。它们的脚长，犬齿弯曲，适合猎食细小哺乳动物、鸟类及爬行动物。它们

胡狼一夫一妻，并以家庭为基本的社会单位。它们会保护自己的领域，猛烈的追逐入侵的敌人，在领土以尿液及粪便划界。这个领土的大小足以养大个别的幼狼，直至它们可以建立自己的领土。小量的胡狼有时聚集一起，例如在吃腐肉时，但一般都是一对生活的。

的脚掌较大，趾骨融合，适合长距离奔跑，并可以维持每小时16千米的速度。它们是夜间出没的动物，尤其是在黎明及黄昏时分最为活跃。

87

• 亚洲胡狼

亚洲胡狼的毛很短及粗糙，一般都是黄色至淡金色，毛端褐色，毛色会随季节及区域而有所不同。例如在坦桑尼亚北部的塞伦盖提，雨季时亚洲胡狼的毛色就是褐灰黄色，旱季时就是淡金色。生活在山区的亚洲胡狼毛色为灰色。

亚洲胡狼长70~105厘米，尾巴长25厘米，肩高约38~50厘米。平均重7~15千克，雄狼较雌狼重15%。面上、肛门及生殖部位有臭腺。雌狼有4~8个乳房。上下颚各有3颗门齿、1颗犬齿及4颗前臼齿，上颚有2颗臼齿，而下颚则

有3颗。

亚洲胡狼是杂食性及机会主义者，它们的食物中有54%是动物及46%的植物。它们能猎杀细小至中等的猎物，如兔、啮齿目、鸟类、昆虫、鱼类及猴子。它们利用敏锐的听觉来确认躲在草丛的猎物。它们曾猎杀比它们大4~5倍的有蹄类。在塞伦盖提，它们是瞪羚的天敌。

在印度，它们经常会猎杀幼黑羚。虽然亚洲胡狼很多时候都是独自行动的，但有时也会以小群（2~5只）一同猎食。在印度的收割季节，它们会转而吃果实。

亚洲胡狼有机会时也会吃腐肉，会从其他食肉目，如狮子及虎中偷走食物。5~18只一群的亚洲胡狼会吃大型有蹄类的尸体。在印度及孟加拉某些地区的亚洲胡狼主要是吃腐肉及垃圾。

亚洲胡狼一般冬季交配，雌兽的怀孕期为60天左右，每胎产1~7崽。幼崽很容易受到其他食肉兽类的攻击，但通常在每个窝中，都有一只较大的亚成体看护这些幼崽，有人称之为"帮手"。幼崽们非常高兴和"帮手"呆在一起，而"帮手"也十分忠于职守，并且从中学习找食、哺养幼崽和与其他食肉动物周旋等各方面的经验，直到幼崽长到8个月以上，有的甚至长达2年左右。每增加一只"帮手"，平均便可以增加1.5只幼崽的成活率，而对于"帮手"来说，看护的幼崽实际上都是它的兄弟姐妹，此时所取得的经验，会使它在将来在照顾自己的孩子时受益无穷。

亚洲胡狼的社会性高度发达，合作狩猎是它们最重要的工作，成功率大约是个体狩猎的3倍。群落中的成年胡狼会用把半消化的肉块放到胃里然后呕出

NAXIENIANBEIWOMENWUJIEDELANG

来给小胡狼食用。领土范围由尿液来标志，大约2~3公里，群体成员共同保卫领土。虽然亚洲胡狼是出色的猎人，但是不会捕猎体形较大的动物。亚洲胡狼会尾随狮子，捡食它们的剩饭。胡狼还有储存食物的习惯。群落中互助行为的存在对整个群落，尤其是小胡狼的生存至关重要。

它们个体之间的行为有点像家犬。挖掘洞穴和嗥叫是它们的集体活动。

亚洲胡狼有时候偷食甘蔗、玉米和西瓜，攻击绵羊和羊羔。也是狂犬病寄主。能控制啮齿目动物数量，也可以驯化。它们是中东许多传说的主角。在古埃及，它们被认为是阴间的神——阿努比思神的象征，后者常常被描绘为胡狼头人身的样子。

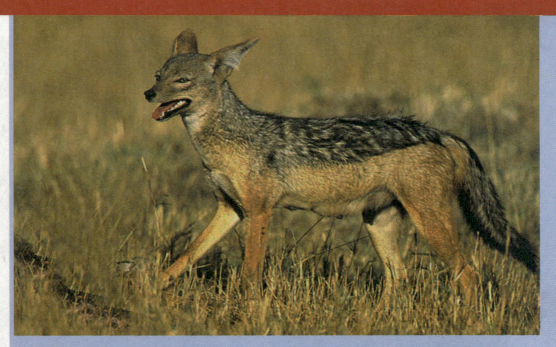

• 黑背胡狼

黑背胡狼又被译作黑背豺，黑背胡狼主要分布于非洲东部和南部的沙漠地带，是足智多谋的获食者。它个头较小，长相似狗，行动敏捷，在7种食肉兽中虽是最弱者，但凭它的足智多谋，常常可以智胜所有竞争者而获得丰盛的美餐。生活在苏丹、肯尼亚、坦桑尼亚等国境内的东非大平原上。

黑背胡狼喜欢栖居在洞穴中，一般被认为是食腐动物，是一些一边围绕着坟场不停地嗥叫，一边挖掘死尸吃的动物，因此在当地被人们尊为地狱和死亡之神而贡献祭品。事实上，动物死尸虽然是黑背胡狼的一个重要的食物来源，但在它们食物中的比例并不大。它们的家庭

为"一夫一妻"制，雄兽和雌兽结成伴侣后将厮守一生，这在哺乳动物中是不多见的。在当年出生的黑背胡狼幼体中，有 1/3 的个体将留在母亲的身边，并与母亲一起度过下一年的繁殖季节。因此经常会形成由3~5只成体组成的群体，其中的非繁殖个体便充当帮手，帮助生育的双亲保护和抚育幼体。帮手为黑背胡狼家庭所提供的帮助是多方面的。

体的正常发育发挥重要的作用，它们既可以通过将食物直接反刍来饲喂幼体，又可以作为保育员看护和保卫幼体，以及清理巢穴等。由于当地生活的鬣狗是黑背胡狼幼体的天敌，所以当黑背胡狼的双亲离巢外出时，帮手的存在便使幼体所面临的危险性大大减少。此外，帮手们还经常与幼体一起玩耍，这样有助于幼体通过玩耍学习狩猎的技能。

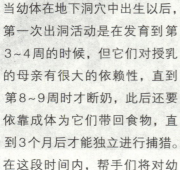

当幼体在地下洞穴中出生以后，第一次出洞活动是在发育到第3~4周的时候，但它们对授乳的母亲有很大的依赖性，直到第8~9周时才断奶，此后还要依靠成体为它们带回食物，直到3个月后才能独立进行捕猎。在这段时间内，帮手们将对幼

● 狼的生存现状

狼在某些国家种群数量少，已被列为濒危物种。但是在很多国家未被列入保护动物。在一些国家，包括我国狼分布区由于生态环境破坏而缩小。我国长期以来，把狼作为害兽加以消灭，并为鼓励捕杀害兽而给予奖励。加上其栖息的生态环境不断缩小，近几十年中，狼的数量越来越小，许多过去狼的分布区已不见其踪迹。狼的毛皮质量好，它的部分器官被入药，也是导致被猎杀的一个因素。

• 美国

狼分布最多的州是阿拉斯加州，20世纪80年代调查，最高为5000~6500头；20世纪90年代以来种群又有新增长，达7000头。明尼苏达州有2000头左右，威斯康星州40头，密歇根州30头。在阿拉斯加州，狼仍然覆盖全州总面积的85%，几乎等于历史上曾有的分布范围。在过去数十年里，阿拉斯加中止了全州范围内的政府部门狼控制计划。它加强了对猎狼行为的限制，严禁毒杀和空中追捕，取消了由政府支付的猎狼奖金，并且控制打狼和诱捕狼的活动。州议会还在该州划出了大面积的国家公园，在这里狼得到了完全的保护。狼群数量增加也带来了种种弊端，ADF&G组织警告说，许多重要地区可供狩猎的动物数量由于

狼的数量增加已明显下降。例如，三角洲地区驯鹿数量从1989年的10 700头下降到 1992 年的 5000~6000 头。研究表明，狼和北美灰熊是造成这种下降的主凶。因此，ADF&G组织在1992年成立了一个"阿拉斯加狼管理计划小组"，制定了一系列措施，准备将狼的数量降到适当水平。但由于舆论界的阻力，公众对此计划多持反对意见，他们不能相信执行该计划后，

狼的数量会保持稳定或增长，而不是被灭绝，所以，原定于1993年执行的狼管理计划只好不了了之。

• 加拿大

加拿大是世界上拥有狼种群数量最多的国家之一。该国被科学家们称为"世界上最大的狼储蓄库"。狼一度在加拿大本土、北极区各岛以及温哥华岛广为分布，但是人类行为——农业活动、不利的野生动物捕猎法规、对野生动物保护意识的淡漠、其他迫害等等干扰了狼的生存，导致狼在数量和分布范围上都大为下降。尽管没有关于狼下降数量的确切统计数字，但是拓荒者和靠近荒野的农场上的人们坚信这种下降是确实存

在的，官方野生动物管理机构的报道也证实了这一点。在过去，人们用枪杀、设陷阱为主要方式大量猎杀狼。在20世纪50和60年代，

一些地区和省政府部门还曾对辖区内的狼进行过大规模的毒杀。政府允许捕猎者设陷阱任意捕捉狼，加拿大毛皮研究所还指导这些诱捕者采用合适的方法来捕捉狼，以便使狼皮顺利出口到欧共体成员国。如今，这种趋势已被扭转，所有适合狼栖息的地方都有了狼的踪迹，覆盖面积约占它们过去分布范围的86%。从各管辖地区有关部门和长期从事狼研究的科学家所作出的密度统计和狼群分布图来看，加拿大目前狼的数量

安大略占下降总额的70%，从1983年的1300只降到1990年的350只。此外，在加拿大提起狼的管理来不再仅意味着猎杀，政府狼管理部门已开始教育民众认识狼在自然界中的地位，保护狼的栖息地和狼群数量的意义，并尽量减少狼和人类之间的冲突。在民众心中狼已不再是相传数个世纪的寓言故事里的"血腥狼嗥"，恰恰相反，现在加拿大人民认为狼是荒野的象征，极为推崇。目前，至少在一些地区，狼得到一定程度的保护，这些地区的总面积大约有218 000平方千米，约占加拿大领土总面积的2.5%。

大约在50 000~60 000只。野生动物管理人员报道说在大多数地区和省份，狼的数量维持稳定或处于增长状态。在过去十年里，加拿大捕猎狼的数量发生了急剧下降，而且这种趋势仍在继续。1983年估计有3738只狼被捕猎，1990年估计捕猎2285只，下降了40%。原因是随着北部地区社会经济方式的转换，靠猎狼谋生的人已经大为减少了。捕猎数量下降最明显的地区是安大略、马尼托巴、萨斯喀彻温、艾伯塔和哥伦比亚。其中

• 墨西哥

　　墨西哥是墨西哥狼的栖息地。墨西哥狼是分布在北美最南部的一个亚种，主要集中在墨西哥西北部狭小的范围内。

• 罗马尼亚

约有2500只狼，主要分布在喀尔巴阡山区中部；另外，有50只狼生活在东南部的森林低地。在严冬，狼由喀尔巴阡山区或乌克兰向罗马尼亚南部的低地迁徙。当地狼的主要猎食对象是野猪和狍。在罗马尼亚没有法律保护狼。由于狼皮在当地值钱，允许在全年任何时候猎取，但没有采取毒杀措施。依照官方记录，每年估计大约杀掉250只狼（注：为其总数的1/10)。杀一只狼，政府给猎人5美元奖金。最近政府已开始研究确定究竟留多少狼才适宜于当地有蹄类种群（主要是马鹿）永远能生存下去。有一个地区，狼被射杀或捕捉后，降低了狼的密度使畜牧业受益，马鹿头数迅速倍增。

NAXIENIANBEIWOMENWUJIEDELANG

• 匈牙利

历史上匈牙利北部的部分地区有狼，1907~1908年，狼被射杀。目前匈牙利仅在东部可以见到狼。根据猎取和观察记录，1920~1930年，狼的数量最多。1940~1950年，狼的数量最低。1960~1980年，狼的数量又增高。近年来，在匈牙利中南部地区通过繁育重新建立了一个狼的小种群。该地区主要是落叶松林，有浓密的幼林长出，为狼提供了良好的栖息和隐蔽条件。匈牙利建立的这个小的狼种群能与周围国家，如斯洛伐克的种群，互相改良种群的质量。在匈牙利，狼猎食马鹿、野山羊及家畜，却受到如此保护。但一旦造成较大危害时，仍允许被优先猎杀。

• 斯洛伐克

第二次世界大战前，狼在斯洛伐克所有地区近乎灭绝，但第二次世界大战中狼的数量增加了。战后，猎人通过大量猎取和毒杀控制狼的数量。1975年建立了国家公园，狼首次在斯洛伐克受到保护，并规定每年3月1日至9月15日，长达6个月不准猎捕狼。目前，斯洛伐克的狼已发展成约300只左右的种群，是近200年来最大的种群。保护狼最大的困难是人们对狼的观念尚需改变。狼在斯洛伐克的猎食对象是马鹿、狍、野猪和野山羊。在阿尔卑斯山牧区，狼一出现即遭猎捕。在斯洛伐克西部没有森林，人口众多的地区狼难以生存。非保护区内猎狼有奖金，猎一头狼，政府为猎狼者提供相当于 3 周左右的工资。每年狼的猎取量约120只，（达总数的40％），确实杀得太多。另外狼感染狂犬病而侵袭人的现象时有发生，因而被大量杀死。目前，还没有一项官方管理方案。

LANGLAILE

南斯拉夫

在中部山区大约生活着2000只狼，在斯洛文尼亚至南斯拉夫西南部有狂犬病，但狼群已被控制住。在波斯尼亚有一项研究方案在萨拉热窝附近进行，但由于近年来连年内战。计划只能延期进行。狼有较高的死亡率，然而由于研究工作的中断，对这里的狼种群的动态几乎毫不了解。

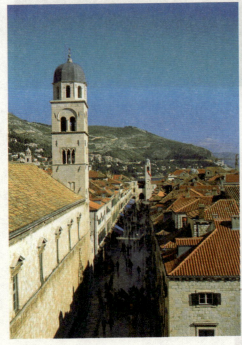

年，狼、狼獾和雪羊被非法用直升飞机进行过一次大量猎捕，经发现后已被制止。楚科奇半岛狼数量增多的原因是由于政体和经济的变化，这个地区没有从事狩猎活动；直升飞机偷猎已被制止；由于气候的一次明显变化，大约有12 000只驯鹿为狼提供了充足的食物来源。1991年10月，由于美国兰格尔岛驯鹿数量太多，由楚科奇半岛引入3只母狼和2只公狼，用以控制驯鹿的数量。

俄罗斯

在西伯利亚最东北部的楚科奇半岛发现一个400~500只数量稳定的狼种群。在塔穆尔半岛狼的数量在增加，但在勘察加半岛上狼的数量已减少。1980

• 印度

　　印度的狼有两个亚种：灰狼和印度狼。前者只分布在印度北部喜马拉雅山脉高海拔地区，后者分布在干旱、半干旱草原地带。印度狼的数量估计在1000~2000只。这

个数目要比印度虎头数少。但是，狼作为印度主要的食肉动物和草原—灌木地带的主要物种，并没有受到应有的重视与保护。虽然印度狼被列为濒危物种，受到法律保护，但由于印度大部分地区的狼以小型家畜如山羊、绵羊为食，狼每吃掉一只羊，对当地贫穷的牧民来说都是一笔巨大的经济损失，所以法律约束很难起到应有的效果。人们用烟熏狼巢并杀死它们的幼崽，成狼则被射杀和毒杀。目前，印度西部的韦拉瓦达国家公园是该国唯一的狼保护区。

• 中东各国

　　狼的种群数量如下：埃及（西奈）30头左右，阿拉伯半岛300~600只左右，约旦200只，以色列100~150只，黎巴嫩10只，叙利亚200~500只，伊朗不超过1000只，阿富汗1000只左右，伊拉克和土耳其数量不详。

LANGLAILE

• 中国

　　中国也曾是狼种群数量最大的国家之一。但是对狼的种群数量从未进行过系统调查，所以很难提出一个准确的数字。近来对内蒙呼伦贝尔草原狼的种群调查表明：狼的数量不超过 2000 只。目前，产狼最多的地区仍是西北、内蒙古、东北地区和新疆的部分地区。但因生态环境的严重破坏和长期以来人为的大量捕杀，使得狼在我国的分布区域大为缩小，由过去的全国性分布，到现在只分布于北纬 30° 以北地区，基本上呈块状分布，在江浙地区已基本上绝灭。即使在北方林区、草

104

原，狼群也只偶尔见到。尚无专为保护狼而建立的保护区。

世界自然保护联盟物种生存委员会狼专家组 1993 年 9 月 5—7 日在瑞典斯得哥尔摩召开第一次国际狼保护会议，通过了狼保护宣言：提出了狼作为一个物种，有高度发达的社群行为，在自然生态系统中有重要的作用和地位，应当受到保护。欧洲成立了狼研究合作协会，参加国家有 27 个。制定了狼的研究和保护计划，定期召开会议，出版有关狼的种群动态的材料，合作开展对狼的全面研究。

狼烟

狼烟，在辞典中最初释意是用狼粪烧出来的烟。古代烽火台，多建立于边疆荒原，物资奇缺，引火物只好使用狼粪。因为烽火台边荒凉无比，通常引火所用牛粪亦难以得到。戍边的将士只好在山间捡狼粪充当牛粪引火。由于这样的特殊引火方式，边疆烽火亦叫作狼烟。

古代中国边境的士兵为了及时的传递敌人来犯的信息，在烽火台上点燃"燃料"，点燃时的烟很大，可以看的很远，就这样，一个烽火台接一个烽火台的点下去，敌人来犯的消息就传的非常快。而燃料，并非是狼粪，燃烧狼粪时冒出的烟也不是直直地上升的。古代战争爆发时需要点燃烽火以报警，和平时期每天还要焚烧"平安烟"这就需要大量

的燃料，若专门以狼粪为燃料，事实上很难收集到大量的狼粪。古代烽火台燃烧的究竟是什么燃料呢？李正宇曾在西北地区的许多烽火台遗址里发现燃烧芦苇、红柳等植物留下的残迹。因此，他认为烽火台燃烧的实际上是芦苇、红柳，甚至杂草。

唐朝-段成式《酉阳杂俎》："狼粪烟直上，烽火用之。"北宋-陆佃《埤雅》中："古之烽火用狼粪，取其烟直而聚，虽风吹之不斜"。北宋-钱易云：凡边疆放火号，常用狼粪烧之以为烟，烟气直上，虽烈风吹之不斜。烽火常用此，故谓'堠'曰'狼烟'也。明朝李时珍《本草纲目》：狼肠直，故边塞以狼矢为烟。明朝-戚继光《纪效新书》卷十七《守哨篇-草架法》云："伏覩祖宗墩法举狼烟，南方狼粪既少，烟火失制；拱把之草，火燃不久，十里之外，岂能目视！"唐朝-李筌《太

NAXIENIANBEIWOMENWUJIEDELANG

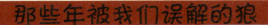

《太白阴经》载，烽火台上须置"炮石垒，水停，水瓮，生粮，干粮，麻蕴，火钻，火箭，蒿艾，狼粪，牛粪"。《武经总要》载宋代制度亦于烽台上"安火筒，置水罂，干粮，麻蕴，火钻，蒿艾，狼粪，牛羊粪"。另外，古代的狼很多，从戚继光的文献里，可以看出，明朝时北方的狼还很多。

再有学者说在烽火台的灰烬中没有发现狼粪。这个很正常，烽火台上的人要吃饭，而中华民族在历史文献中没有烧狼粪做饭的记录，毕竟吃饭比烧狼烟的机会要多些，即使烧一次，也应该会被清理掉。烽火台在近代烧狼烟的机会不多。

狼烟并非是狼粪烟，狼粪是烧不出浓烟的，颜色还不如普通草原炊烟浓黑。古人用狼粪来解释狼烟主要是由于中原人对狼的厌恶，用来向人们解释狼来了。古人书所留下来的大部分书籍都为政府所允许的书。很多解释都是为了更好地统治。考察不能光靠古书所述来解释。

狼烟是两千年来让华夏人民望烟丧胆的，又有"烽火戏诸侯"、"狼烟四起"的成语典故。

● 呼吁：保护狼

世界上很多国家对狼都逐渐开始表现出友好的态度，人们一改往日赶尽杀绝的态度，为狼让出生存的空间，把狼重新引入它们祖先曾经的领地。

狼的消失和人的觉醒 >

狼已经太少了。在曾经遍布狼群的北美地区，人类或是出于满足狩猎的遗传惯性，或是出于对家庭财产的保护，或是偏爱保护某种更稀少的动物(比如鹿和野牛)，狼被大量猎杀，据说仅在美国大开发时期，就有2亿只狼被消灭。

在欧洲，自工业革命以来，狼一直生活在被现代人类文明挤压的状态中。英伦三岛的狼首当其冲，1743年后，狼的世界分布图再也不包括那里。之后，法国、比利时、荷兰、丹麦、瑞士等国的狼相继消失，德国、意大利的狼群也只能在狭小的区域内苟延残喘。

中国，连续几十年鼓励打狼的政策，让大部分中国人久已不闻狼声。原来除了一些海岛外均有狼迹的广大国土，如今只在西部边陲才有一些狼分布。

1962年，美国科普作家莱切尔·卡逊在经过对杀虫剂破坏生态的大量调查后，出版了《寂静的春天》一书。书中描述了人类可能将面临一个没有鸟、蜜蜂和蝴蝶的寂静世界。正是这本不寻常的书，在世界范围内引起人们对野生动物的关注，唤起了人们的环境意识。

111

狼专家组 〉

　　1973年9月，瑞典斯德哥尔摩，世界自然保护联盟物种生存委员会在此成立了"狼专家组"，起草并公布了《狼保护宣言》："狼是地球众多生命中很有分量的一种生物，它有权利生存在这个地球上。"

　　狼专家组是一个国际性组织，已有20多个国家参加。狼专家小组每年召开一次国际会议，交流和研究有关狼的各项问题，以推进护狼运动。

113

狼的保护级别 >

《华盛顿公约》CITES 濒危等级：附录 II，生效年代：1997。中国濒危动物红皮书《国家重点保护野生动物名录》等级：易危，生效年代：1996。该物种已被列入国家林业局2000年8月1日发布的《国家保护的有益的或者有重要经济、科学研究价值的陆生野生动物名录》。

中国野生动物保护检索系统成果鉴定暨推广会

● 狼之趣谈

● 狼的姿态有何含义？

威严：一般占优势主导地位的狼会身挺高腿直，神态坚定，耳朵是直立向前。往往尾部纵向卷曲朝背部。这种姿势显示的是级别高、占主导地位的狼可能一直盯着一只唯唯诺诺的地位低下的狼。

唇和耳朵向两边拉开，有时会主动舔或快速伸出舌头。

愤怒：愤怒的狼的耳朵会竖立，背毛也会竖，唇可卷起或后翻，门牙露出，有时也会弓背或咆哮。

恐惧：害怕时狼会试图把它的身子显得较小，从而不那么显眼，或弓背防守，尾收回。

活跃：玩耍时，狼会全身伏低，嘴

攻击：狼在蹲下或扬身低头并放松皮毛时，是发起攻击的信号。

愉悦：可能摇摆尾巴，舌头也可能伸出口。

狩猎：捕猎时的狼，因狩猎的紧张，因此尾部会横直。

游戏：尾巴高和舞动。狼可以任意妄为地转圈跳跃，或低头，把前面的身体伏倒在地上，而抬高后股。这类似于家犬的嬉戏行为。

狼的眼睛为什么晚上放光？

狼的眼睛在夜晚放光，并非是简单地反射了夜晚中极其微弱的可见光，而是反射了人眼看不见的红外线，并且在反射红外线时令其发生蓝移，变成了可见光。

众所周知，看上去好像一片黑暗的夜晚。其实充满着人眼看不见的红外线。但是，红外线即使被物体反射，一般也不会变成可见光，除非被反射的红外线发生蓝移。在通常情况下，狼眼睛内的液晶膜分子是处于基态，无论其怎样排列，受到红外线照射的狼眼睛内的液晶膜是不会产生蓝移反射的。因此，狼的眼睛在白天和夜晚一般是不会放光的。

但是，如果某些狼能够通过肌肉给眼睛内的液晶膜施加一个压力作用，令其表面产生一个压电效应，则狼眼睛内的液晶膜表面带有一定量的负电荷，从而使得大量液晶分子受到液晶膜表面上多余负电荷电场的电离作用而改变，被维持在某一激发态或称亚稳态上，与此同时，肌肉还需改变液晶膜表面的分子排列，在这种情况下，当外界的红外线辐射作用到这些按照一定规律排列的处于激发态的液晶分子时，这些液晶分子会跃迁到更高能级的激发态或电离态，然后再捕获电子并向外发射光子。由于

跃迁到更高能级的激发态或电离态液晶分子不一定正好回到原亚稳态，而是向包括基态在内的所有各低能级跃迁，由此导致向外发出的光子能量是包括了外界的红外线辐射、狼通过肌肉给眼睛内的液晶膜施加压力作用的能量，从而使得液晶膜表面的反射光发生蓝移，变成了人类眼睛可以看见的绿光、蓝光、黄绿光等可见光。

119

· 狼的叫声为什么显得凄厉？

　　狼之所以采用凄凉哭腔作为狼叫的主调，是因为在千万年的自然演化中，它们渐渐发现了哭腔的悠长拖音，是能

够在草原上传得更远、更广、最清晰的声音。就像"近听笛子远听箫"一样，短促响亮的笛声不如呜咽悠长的箫声传得远。古代草原骑兵使用拖音低沉的牛角号传令，寺庙的钟声也以悠长送远而闻名天下。

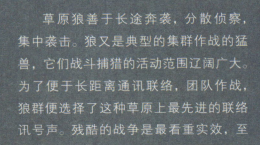

　　草原狼善于长途奔袭，分散侦察，集中袭击。狼又是典型的集群作战的猛兽，它们战斗捕猎的活动范围辽阔广大。为了便于长距离通讯联络，团队作战，狼群便选择了这种草原上最先进的联络讯号声。残酷的战争是最看重实效，至

于是哭是笑，好听不好听那都不是狼所需要考虑的。强大的军队需要先进的通讯手段，先进的通讯手段又会促使军队的强大。古代狼可能就是采用了这种草原上最先进的通讯噪音，才大大地提高了狼群的战斗力，成为草原上除了人以外，最强大的军事力量，甚至将虎豹熊等个体更大的猛兽逐出草原。

· 人们对狼的爱与恨

狼是动物世界中比较特殊的一类，它既有凶残嗜血的天性，又有团结协作的特点。因此，在人类社会中，存在着狼仇恨与狼崇拜两种观念。

我们先来谈一谈人们为什么恨他们吧。狼由于对草原人重要资产的羊产生危害性，草原人对它们不得不大力猎杀。种种记载表明，它还危害家畜甚至吃人；它是寓言故事等文学作品中传说的恶魔，生性凶残，阴险狡诈，常常被冠以狼心狗肺、狼狈为奸、狼子野心等恶名。于是人类对狼大开杀戒，将其赶尽杀绝。

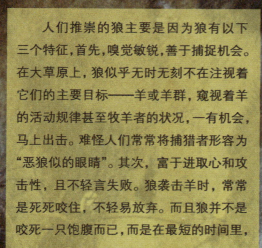

人们推崇的狼主要是因为狼有以下三个特征，首先，嗅觉敏锐，善于捕捉机会。在大草原上，狼似乎无时无刻不在注视着它们的主要目标——羊或羊群，窥视着羊的活动规律甚至牧羊者的状况，一有机会，马上出击。难怪人们常常将捕猎者形容为"恶狼似的眼睛"。其次，富于进取心和攻击性，且不轻言失败。狼袭击羊时，常常是死死咬住，不轻易放弃。而且狼并不是咬死一只饱腹而已，而是在最短的时间里，

则传说是弃婴和母狼阿史那的后代。

总之,有人仇恨狼,有人崇拜狼,的确,任何事物总是两面的。我们应该全面的看待这个极具个性的动物,学会用辩证的眼光分析事物。

能放倒多少就放倒多少。最后也是最重要的应该是团队精神。狼很少单独出没,总是团队作战,所以才有"猛虎还怕群狼"之说。在竞争日益激烈的人类社会,团队精神的威力越来越受重视,这是人们尊崇狼性文化的又一个缘由。狼也是突厥系民族和蒙古人的图腾,阿尔泰民族的另一支东胡也敬畏狼。汉史载,古代突厥系民族高车认为他们是一个美丽匈奴公主和一匹狼的后代。而乌孙的祖先

狼与罗马城

　　相传，罗马战神马尔斯·阿瑞斯把狼作为自己的标志，正是他引诱圣女雷亚·西尔维亚怀孕，生下了一对孪生兄弟——罗慕路斯和雷莫斯。

　　后来，雷亚·西尔维亚被篡位者杀害，罗慕路斯和雷莫斯被抛进台伯河。浪涛和流水把盛着孩子的木盆送到河岸边的沼泽地。这对孪生兄弟被巴勒登丘附近的一只母狼救活，衔到自己窝里喂养。后来，一位牧羊人收养了罗慕路斯，并教他习武。渐渐地他成为一位智勇双全的将领，夺回了王位，成了英明的国王。为感谢母狼的养育之恩，他在母狼喂养他俩的那座山上建立了自己的城市——罗马。从这以后，罗马将狼奉为图腾。今天，

罗马城仍随处可见狼的图案标志。

　　但是，罗慕路斯为成为罗马建造者，杀了自己的兄弟雷莫斯。传说中，因为兄弟相残，注定了罗马未来灭亡的命运。

图书在版编目（CIP）数据

　　那些年被我们误解的狼 / 张玲编著. -- 北京：现代出版社, 2014.1 （2024.12重印）

　　ISBN 978-7-5143-2078-7

　　Ⅰ. ①那… Ⅱ. ①张… Ⅲ. ①狼 – 青年读物②狼 – 少年读物 Ⅳ. ①Q959.838-49

　　中国版本图书馆CIP数据核字(2014)第008807号

那些年被我们误解的狼

作　　者	张　玲
责任编辑	王敬一
出版发行	现代出版社
地　　址	北京市朝阳区安外安华里 504 号
邮政编码	100011
电　　话	(010) 64267325
传　　真	(010) 64245264
电子邮箱	xiandai@cnpitc.com.cn
网　　址	www.modernpress.com.cn
印　　刷	唐山富达印务有限公司
开　　本	710×1000　1/16
印　　张	9
版　　次	2014年1月第1版　2024年12月第4次印刷
书　　号	ISBN　978-7-5143-2078-7
定　　价	57.00 元